关联的证明

博风建筑设计实践

王方戟 / 肖潇 / 董晓　著

同济大学出版社·上海

THE PROOF OF CORRELATIONS

ARCHITECTURAL PRACTICE OF

 TEMP ARCHITECTS

FANGJI WANG / XIAO XIAO / XIAO DONG

TONGJI UNIVERSITY PRESS · SHANGHAI

关联的证明

THE PROOF OF CORRELATIONS

目录 CONTENTS

6   序：与博风有关的七个片段
          PREFACE: Seven Fragments of Temp Architects

15   可以言说的建筑设计
          The Speakable Process of Architectural Design

16   穿过杂木林
          The Expedition through the Miscellaneous Forest

20   大顺屋（2011）
          Dashun Pavilion

28   带带屋（2011）
          Daidai Pavilion

36   桂香小筑（2012）
          Laurel Fragrance Follé

44   环轩（2013）
          Roundabout Veranda

50   瑞昌石化办公楼（2013）
          RC Petro-Chemical Office Building

62   七园居（2016）
          Septuor

78   对谈：即物的便宜主义
          CONVERSATION: Pragmatic Opportunism

94   悠游堂（2009 / 2017）
          Meandering Hall

102   鹮环（2019）
          Huanhuan Complex

112   安德森纪念藏书室（2019）
          Anderson Memorial Library

118   田畈里（2020）
          Dibeli

134   对谈：工作方式与设计密度
            CONVERSATION: The Way of Working and the Density of Design

149   洞天寮（2020）
            Teahouse of Hidden Sky

166   幽篁亭（2020）
            Folded Pavilion

170   汇福堂（2021）
            Fortune Pub

176   两只土拨鼠（2022）
            Hotel Marmot Friends

190   徐汇区街道修整系列项目（2009—2022）
            Street Renovation Projects in Xuhui District

192   行云阁（2023）
            Cloud Pavilion

196   立雪小学（2023）
            Lixue Primary School

202   光明环境园（2020—）
            Guangming Environmental Park

206   重庆含谷学校群（2022—）
            Chongqing Hangu School Campus

214   上海生物能源再利用项目三期（2022—）
            Shanghai Bioenergy Reuse Project Phase III

217   建筑设计中的一些关联项
            Options of Correlation in Architectural Designs

224   附录
            APPENDIX

与博风[1]有关的七个片段 王凯

PREFACE: Seven Fragments of Temp Architects

一半就已足够。

———伊丽莎白·毕肖普（Elizabeth Bishop），《绅士夏洛特》[2]

在拿到本书预排稿的时候，我发现，虽然对图纸和照片上的每一个项目都已经非常熟悉，但我并没有到现场看过博风的很多项目，而且临近学期期末，很难找到合适时间一个一个去现场看。在有点焦虑的情绪中开始动笔前的酝酿时，我恰好读到了伊丽莎白·毕肖普的这首诗，于是就决定和肖潇、董晓、王子潇以及王方戟老师（下文简称"王老师"）分别聊一次。在聊的过程中，焦虑感逐渐消失，因为我发现，我非常熟悉的博风的人可能才是理解博风作品的恰当入口。我打算从这里入手。

在和肖潇、董晓的第一次访谈中，我为文章定下了一个开头。这句话一直在我脑中盘旋，从文章还没有什么结构性想法的时候，就顽固地占据了这篇文章的起点——"项目开始前，王老师一般不怎么去现场。"

博风日常办公场景（肖潇 绘制）

1. 现场

"哈哈哈……" 肖潇赶紧制止我，"但你可不能这样写。"

"其实在方案结束后，施工过程中，王老师也不一定有空儿多跑。现场主要是我们去盯。"董晓补充了一句，有点幸灾乐祸。

事实上，确实"不能这样写"，这当然不是因为博风真的不重视现场，而是因为这种说法是不准确的。现场的重要性毋庸置疑，但不跑那么多次现场的原因很明确：一个是项目开始之前，没有充足的时间去跑——"项目往往很急"；另一个也许更重要的原因是，"当下中国的场地，无论是城市还是农村，大部分并不具备支撑一个项目理由的那种稳定性"。更准确地说，"其实多数时候，现场是去的，只不过，博风的项目从来不会从看现场时的瞬间体验开始"。

不依赖现场的具体瞬间体验，那通过什么方式把握场地的信息呢？董晓告诉我："比如说最近的几个项目，因为场地都很复杂，所以王老师总是会先花费不少时间整理等高线的关系。"显然，在博风的建筑师们看来，和一棵树、一束阳光之类的瞬间现象比起来，"等高线"代表着那种具有某种抽象性的，却更决定性地反映着场地特征的东西。

在博风看来，在大多数的情况下，抽象化地把握关系，比具体的、感性的，或者图像化的理解场地更加重要，也更加可靠。不但如此，博风的项目对施工的完成度和精确性也有不同寻常的要求——他们并不要求超出当地施工条件的那种绝对精确和完成度，也就是坂本一成在本书对谈中提到的"便宜主义"。如果一个项目是一条鱼，和国内很多建筑设计公司或事务所相比，博风会特别看中"鱼中段"。无论是对所谓的"第一感觉"，还是对完成施工精度这类问题，在目前博风有限的规模条件下，无法投入那么多的人力和资源去应对。"除非公司扩大规模，或者提高收费……但那又会脱离某种真实的条件"。总的来说就是，顺势而为。

1. 在本书中，"博风"与"博风建筑"均为"上海博风建筑设计咨询有限公司"的简称。
2. 桑婪 . 绅士夏洛特 . [2023-07-28].
https://site.douban.com/116069/widget/articles/7061603/article/64590531/

来自不同地方的可乐瓶

　　"不怎么去现场"反映出的是博风的一种态度，即博风的建筑设计过程不依赖于对具体的图像化场景的精确刻画和精确实现，而是来自对于不同系统之间的关系的调和与整合。谈到关于多系统的整合，王老师特别以西班牙建筑师米拉莱斯（Enric Miralles）的工作方法来举例："结构、动线、构造的不同系统之间，各自完整，但相互有一点牵制，这种说不清的关系最后会形成一种有趣的复杂性。"

　　这并非意味着对于现场具体性的忽略。比如在"汇福堂"项目中，场地旁边的老石桥就是设计的出发点之一。建筑最终和石桥建立了一个"合适的"关系。对我来说，这种关系不完全是反视觉的，但也并非完全是图像性的，而是一种行为上的相互关照。这就像王老师经常提到的西班牙建筑师利纳斯（Josep Llinàs）的设计，在行为、建筑和场地之间总是有某种微妙的呼应关系。

　　"王老师在现场一般不太到处拍照，但会在现场收集一些东西，比如捡一些石头。"董晓补充了一个细节，"肖潇有的时候也会捡。"

2. 具体

　　对具体的物的兴趣大于对抽象的知识系统的兴趣，这是我对博风行事风格的突出印象。我们可能很难看到其他一些建筑设计单位或事务所会把自己的项目命名为诸如"两只土拨鼠"的。事实上，博风每一个项目的名称似乎都是对系统性的某种拒绝。

　　除了搜集石头，在疫情开始以前的一段时间，因为出国比较频繁，王老师还一度痴迷收集可口可乐的瓶子。据肖潇说，这一方面和王老师早年在美国波特曼建筑设计事务所上海代表处实习时养成的喜欢喝可乐的习惯有关；另一方面，不同国家与地区的玻璃生产工艺和设计风格不同，来自不同地方的可口可乐瓶子放在一起，是一个理解历史、时代和地域特性的很好媒介。

　　在我的印象中，王老师的阅读范围常涉及历史、游记、地方志、历史地理等。这些题材的共同特征是，都是"具体的"知识，通过它们可以更加真切地想象具体而多样的生活和场景。

博风的设计都是这么"具体"地产生出来的：每当遇到一个问题的时候，他们追求具体的解决方案，而非诉诸某个抽象的理论议程。

不过，曾经有段时间，我注意到王老师在读梅洛-庞蒂（Maurice Merleau-Ponty）。他解释说，那是为一个讲座作准备。于是，就有了后来题为"与读者相会"的讲座（2022 年 5 月 6 日，同济大学建筑研究生"设计前沿"课程）。他说，对"知觉"的兴趣是早在博士研究生期间就开始的，也一度想要通过透彻地理解知觉，再认识人对空间感知的方式。这种兴趣的长久效果可以始终避免掉入"恋物"的陷阱，即避免对物质性或者图像性的过分沉迷。

与此相对应的是，博风的设计特别注重组织使用者在空间中的连续性体验。在"七园居"和"田畈里"等项目中，围绕动线进行组织，由既有结构、新结构和构造所形成的大量的设计细节，不但超出了单幅图像能够展示的容量，也溢出了视频录像所能承载的信息密度；诸多设计细节形成了让人印象深刻的连续性的空间体验。设计的密度并不简单地等同于建造的精度，这是所有亲临过现场的人的共同印象。

3. 习惯

博风目前有三名合伙人：王方戟、肖潇、董晓。除了创始合伙人王方戟之外，肖潇和董晓于 2015 年成为合伙建筑师。小型建筑事务所中通常的分工模式，要么是合伙人各自独立负责一批项目，要么是各有设计方向侧重，比如有人侧重运营，有人侧重方案，有人侧重技术和施工之类。然而，博风的运作模式和这些都不一样，三名合伙人之间没有明确的分工，大部分工作都是一起完成的，特别是在项目前期的时候。更重要的是，与大多数建筑事务所非常不同的一点是，王方戟与另两名合伙人之间是师生关系。

有关师生关系的问题，王老师举了西班牙伯内和吉尔建筑事务所（Bonell i Gil Arquitectes）的例子，他认为，师生在一起工作可以形成某种互补关系。一方面，合伙人之间可以发挥各自的擅长，比如肖潇擅长梳理、分解复杂的任务，他细致且逻辑清晰，而董晓则更加善于扩展性设计和专项研究；另一方面，更重要的是，师生背景使大家容易在工作中在建筑认知方面建立共识。

本书呈现出的一个不容忽视的特点是，在十几年的时间里，各种项目在形式和空间处理上的诸多变化，并非出自一人之手，却具有某种内在的一致性和连续性，就是这种"共识"的体现。维系着博风这种一致性和连续性的根本，是多年来逐渐形成的一种工作"习惯"。

对"习惯"的总结来自某种外部视角，因为也许长期身在其中的人反而无法对此说得很清楚。子潇的观察是，和其他的很多建筑事务所相比，博风的特点是完全没有等级感，气氛特别轻松和民主，而且对形式特别没有执念，以及最重要的——工作流程中的"头脑风暴"。在项目前期的时候，包括合伙人在内的建筑师、实习生一起，每个人出一个方案，然后大家一起讨论。这种时候，很多新的想法都会被吸纳进来。一般情况下，"头脑风暴"会进行三轮，之后，三名合伙人集中讨论，综合判断，选择一到两个设计方向进行深化。据肖潇考证，这个做法最初是受到库哈斯（Rem Koolhaas）工作方式的启发。这种民主化的工作核心流程形成了一种动态的、良好的互动机制，使设计并不依据个人的主观判断推进，而是始终采用某种集体合作和讨论的方式进行。这很像我们设计教学的过程。

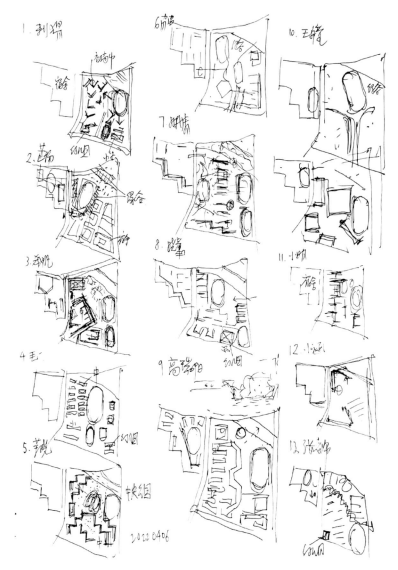

2022 年 4 月 6 日，重庆含谷学校群第三次头脑风暴记录（王方戟 记录）

很多工作习惯都是在特定情境下的工作过程中偶然形成并延续下来的，比如某种画图方式、设计工作的某个流程等，但更多时候是在有意识地借鉴别人经验后形成的。在短短两个小时的聊天中，王老师不断提到一些人的名字，包括西扎（Alvaro Siza）、筱原一男、坂本一成、利纳斯、库哈斯，以及上海的一些建筑师们。他们都曾在各种层面，诸如公司运营、设计处理、项目汇报、绘图和表达方法以及出版技巧等方面对博风产生过影响。这些一点一滴形成的"习惯"，形成了博风今天的工作风格，而其中最重要、最持续、最系统，也最能体现博风文化特征的是"读书会"。

4. 读书会

博风的"读书会"本来是王老师研究生教学中的一个环节，在博风特有的学习型氛围中，成为了公司重要的日常活动。十几年来，读书会的核心内容变化不大，一直是分析"有趣"的建筑案例。选择案例的方式比较灵活，基本上以同学们的自主选择为主，但在不知不觉中形成了早期以西班牙、意大利建筑师的作品为主，近期纳入更多日本建筑师，并兼顾其他地区建筑师作品的轨迹。

和基于理论文本的读书会不同，案例分析中的"理论"并不是被重点讨论的对象，大家更多是比较直接地面对案例本身，以偏直觉的方式去理解一个建筑的设计。一代代学生逐渐养成了从场地条件、功能动线，到结构、构造分析的结构性习惯。虽然每一个案例的讨论侧重点不一样，但久而久之，某种对设计的基本态度变得越来越明确而稳定。我尝试旁听了一次，主要是想听听他们分析用的语言。因为这种语言使用者内部往往不自知，因此无法通过对谈把握其特征。和我的预想不同，至少我听的那一次，王老师并没有特别多的讲述和点评，总体上是一个很轻松、大家一起学习一个东西的状态。虽然确实还是能感觉到一点这里或那里的语言影响，但总体而言，这些影响都融入每一个设计的具体性之中了。

作为一个教学过程和一种学习的机制，读书会对博风具体设计的影响可能不是那么直接。观察博风早期的作品，多多少少有些微直接借鉴和学习案例的影子，偶尔还可以在作品的这里或那里看到一点"典故"［虽然需要听过设计者的解释才会理解到，比如在"大顺屋"中，受奥伊萨（Sáenz de Oiza）作品影响的一个细节］；但是，在博风近期的作品中，这种情况已经完全看不到了。他们对案例的理解完全超出了具体形式层面，对建筑的理解也更加圆熟、系统。这些不但在对王老师的访谈中可以清楚地体会到，在和其他人的对谈中也是如此。

每年都会有新的研究生加入读书会，也会有高年级的研究生毕业离开，公司员工和实习生以及一些外来的学生也会赶来旁听……多年来，博风小会议室中的读书会参与者不断更替，通过不断地阅读、分析各种设计案例，维护并修订着博风对于建筑设计方法和评判标准的基本理解，而这种理解的核心之一，就是如何通过建筑手段塑造建筑的"特征"。

5. 特征

在我自己的设计课中，王老师是"常驻"评图嘉宾。几年来，最强烈的一个感受，就是和我以及其他很多老师相比，王老师对每一个设计的预设特别"不纠结"。对我自己来说，每一个教学课题都是放在预设的语境下来讨论的，因此会有对预设问题回应的"对错"之分；而对王老师来说，只要"没有什么不可以的话，就可以"。但是，这些看似"底线模糊"的评价标准有一个共同的"底线"，那就是"要有特征"。抓住"特征"，梳理每个同学设计的方案状态，并给出推进建议——这是王老师在评图中最常用的方法。

从某种角度，很难说这种对"特征"的认定中有多么纯粹科学或客观的成分，但这似乎是必然的，因为从某种意义上来说，这既是对设计者个性的一种认定，同时也是一种对单一作者性的消解。对单一作者性的警惕以及对偶然性的拥抱，甚至可以看作是博风设计文化的一个特点——它不仅体现在博风的日常工作中，也充分体现在博风对建筑摄影的态度中。

博风的设计作品有时也会请摄影师拍照，但更经常是博风的建筑师自己拍。和很多追求表现性的摄影师不同，博风的摄影作品并不追求设计意图的图像性表达，而更在意对一种空间效果的发现。因此，这些照片往往介于分析图和普通照片之间——以发现的眼光，去寻找那个说明性的瞬间。

不过，这个瞬间"常常找不到"。"那也没关系"，因为"没必要。有时即使找到了，读者也未必能够理解"（引王方戟语）。在时下建筑师的实践现状中，有些人比较沉迷镜头中的影像，有些人热衷于拥抱新媒体，而博风似乎对这些始终不那么"感冒"。我觉得，这是因为博风所追求的建筑"特征"在本质上就不是图像的，而是身体的。

说到底，博风对摄影这种媒介本身的不信任，以及对设计意图通过任何平面媒介传递有效性的不信任，根本上源于"特征"是很难被传递的——它往往来自设计思维在不同尺度之间的来回跳跃，在智性和感性交互之中的把控，而"只有亲身经历，才能理解博风建筑的'有趣'在哪里"。于是，建筑照片本身，可以被看作是博风建筑设计之外的二度创作。

6. 平面图

在本书中，除了照片以及少量的表达空间关系的轴测分析图之外，平面图占据了非常大的比例。在这里，平面不只是设计的工具，也是建筑师们有意识的表达。

看起来不太注重形式的博风却会特别认真地对待书中的平面图画法，据说这是受到筱原一男的影响。要出版的建筑平面图和平日工作的平面图有所不同，会特别调整线条的疏密和画法，增加其可读性，并保证用整数比例呈现；而更多时候，平面图是博风工作过程中非常重要的设计工具。由于多方面的综合原因，博风的设计工作并非非常依赖对实体模型的推敲，所有项目推进过程中必不可少的，除了电子模型外，往往都是围绕平面图展开的讨论。在整个工作过程中，深化平面图成为交流、汇总信息最重要的手段，各种关系和问题化解策略都融汇在一版又一版的平面图中。

这是一种比较传统的设计工作方式。虽然不确定设计的结果有多少可以从设计工具中获得解释，但在我看来，博风作品中最明显的气质，比如看重关系和动线体验的丰富性、不拘泥于图像化的效果、功能和技术系统的整合，以及建筑形式更多的是一种结果而不是出发点等，都可以从他们倚重的设计工具中获得理解。

几年前，实习生张亮画过一张博风工作场所的平面图，在和肖潇、董晓的聊天过程中，他们又在图上增加了一些批注。空间是行为和关系的再现。博风日常的松弛、平等、自由、合作，都可以在这张平面图中读出来。从"王老师得意时的踱步处"到"读书会和头脑风暴处"，这张平面图描述的是博风建筑师们的种种日常行为在这个不大的空间中的投影。

7. 成为博风

松花江路 2539 弄 1 号楼 705 室，这是博风所在的地理位置，十多年来没改变过，甚至工作场地的内部陈设，也基本没有变动。

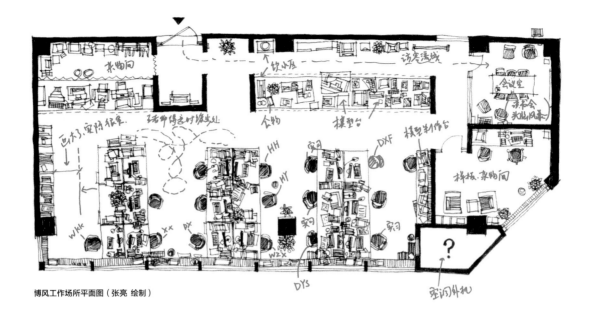

博风工作场所平面图（张亮 绘制）

　　在应邀写这篇文章的过程中，我尝试寻找博风在过去十几年中的变化和相关节点，然而最终却发现，似乎并没有那么明确的"演进"。无论是工作方法、关注的议题，还是所受到的影响，最终看到的、呈现出来的，是某种超乎寻常的稳定性。这种稳定性，代表着这个时代罕见的某种从容。

　　于是，作为一个旁观者，我尽量拼凑出观察到的七个片段，希望可以和书中另外两篇对谈一起，共同组成关于博风的不同侧面。就像几面镜子，最终未必拼得出完整的形象，但靠着相互映射，也许就成了一个万花筒，五彩斑斓，充满无限可能。

　　本文开头引用的伊丽莎白·毕肖普的诗，描述了一个只有一半身子的人，总是在镜子的帮助下完成整个自我的建构。在对博风建筑师们的访谈中，他们时常表现出一种对于各种媒介再现的有效性的将信将疑；而与此同时，他们一直表现出对于设计、合作，以及现实中涌现的转瞬即逝的可能性和不确定性的兴趣，不焦虑、不纠结，一路前行，仿佛诗中那位名叫"夏洛特"的绅士：

　　他发现这不确定性
　　令人兴奋。他爱
　　那种不断重新调整的感觉。
　　他希望此刻的话被引用：
　　　"一半就已足够。"

2023 年 7 月 28 日

缅因州 鹿岛

王凯：同济大学建筑系副教授、博士生导师

可以言说的建筑设计
董晓

The Speakable Process of Architectural Design

我们对建筑的认知是从片段、局部的体验开始的，而后逐渐学习、掌握其系统化的内核。因此，很长一段时间，都让我产生一种"建筑是无法言说的"错觉。类似地，很多从"桂香小筑""七园居"等项目开始阅读、体验我们作品的人应该也有被饱含趣味的空间体验"灌满"的错觉，而忘记去看体验背后那些空间拓扑关系的想法与创意，忘记它们共有的对连续、开敞空间的青睐。

在设计过程中，无论从完成项目任务的角度，还是发挥大家能动性的角度，我们都努力描述清楚设计的意图，以及设计策略和意图间的关系。工作室里的伙伴们依此通过理解彼此、叠加自己的意图让设计变得可靠、丰富。在这里，大家可以讨论方案的空间特征是否独特，可以讨论空间形态和体验感知的关联，可以讨论体量策略在空间潜力、城市关系、均衡性等方面的优劣，可以讨论空间关系的概念如何落实到具体操作中，等等。伴随着如此"可以言说的"设计，我们逐渐具有了叠加不同人设计思考的能力，同时逐渐获得了醇厚而看似意外的设计结果。

回想起来，这种"言说语言"的习得经历了很多年不懈理解与表达的磨砺：碰到案例，要努力说清楚自己认为好的地方是什么；碰到设计不如意的地方，要努力摸索出症结所在；表达设计时候，必须坦率地面对设计结果和意图之间的落差……这种理解与表达的训练可以在工作室每个伙伴的身上看到。

很感谢曾经在与正在工作室的所有人，由于大家共同坦率地对建筑设计的言说与交流，才有了积累至今的成果，才呵护出了这样一个攒集设计思考的地方。

上海博风建筑设计咨询有限公司

合伙人 / 主持建筑师

穿过杂木林

肖潇

The Expedition through the Miscellaneous Forest

　　为了整理《关联的证明——博风建筑设计实践》一书的资料，我们过去十多年间累积的项目图像反复映现在屏幕上。面对书稿，疑惑在我脑中闪过：是它们构成了"博风"吗？或者，它们只是从"博风"身上蜕下来的一层层的外壳？

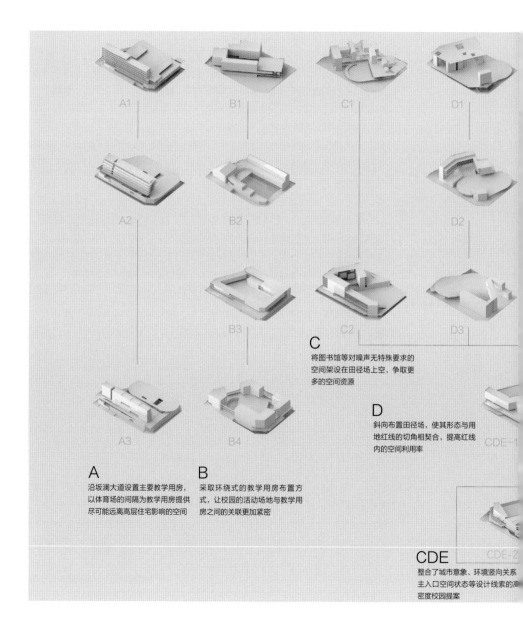

C
将图书馆等对噪声无特殊要求的空间架设在田径场上空，争取更多的空间资源

D
斜向布置田径场，使其形态与用地红线的切角相契合，提高红线内的空间利用率

A
沿坂澜大道设置主要教学用房，以体育场的间隔为教学用房提供尽可能远离高层住宅影响的空间

B
采取环绕式的教学用房布置方式，让校园的活动场地与教学用房之间的关联更加紧密

CDE
整合了城市意象、环境竖向关系主入口空间状态等设计线索的高密度校园提案

尽管房子建成后摄影的日子总是像节日一样让人期盼，但若不把照片与书稿放在眼前，各个项目中"琐碎"的见闻却往往要比项目建成后的景象更经常地被人想起，甚至对于那些因为"黄掉"而未能入选本书附录的项目，记忆也始终清晰。

记得多年前某个"黄掉"项目的业主 T 总曾驾车带我们进山看场地。在大约半小时的车程中，车子的左前轮持续地碾压在盘山公路中央的白色虚线上，几乎从未偏离。在半山的村前停好车，他带我们尝了山沟里的水，穿过一栋屋架坍塌的老宅，之后步行上山。在盛夏的湿热中，我们一同钻进一片没有道路的杂木林。浓密树荫下，我们用双脚感受着未知的山地等高线。大约一刻钟后，透过渐渐变得稀疏的枝干，一片明亮开阔的谷地豁然出现在眼前……T 总用临出发时从路边随手捡来的木棍在空中画出了那条看不见的用地红线。

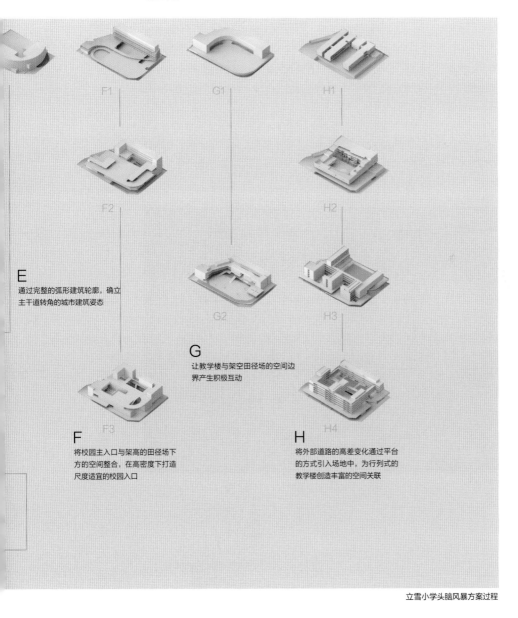

E

通过完整的弧形建筑轮廓，确立主干道转角的城市建筑姿态

F

将校园主入口与架高的田径场下方的空间整合，在高密度下打造尺度适宜的校园入口

G

让教学楼与架空田径场的空间边界产生积极互动

H

将外部道路的高差变化通过平台的方式引入场地中，为行列式的教学楼创造丰富的空间关联

立雪小学头脑风暴方案过程

如果说这本书中所呈现的内容是"那片明亮开阔的谷地风景"，那么在博风的工作就好像伙伴们当时一起穿越杂木林时的体验——大家带着各自独特的经验与视角，默契地在混杂的环境中不断去发现新的路径和他人可能没有看见的东西……

　　围墙、茶室、民宿、校园、步行桥、垃圾场……这些迥异的项目图纸轮番占据着我们的桌面。它们不仅为我们提供了不同尺度的具体设计经验，更可以让我们在这些经验的交叠中获得宝贵的看待事物的多样化视角。例如，当关掉与结构顾问讨论跨度 70 米人行桥的对话框、保存好厨余垃圾处理厂的设备提资文件、放下山地民宿的平面图，来到新校园竞赛的讨论桌前时，我们对校园结构、设备以及动线体验的思考，也不可避免地出现了新的转机。

　　对于近年来的多数项目，我们都是以"头脑风暴"的方式开展设计工作的：以先期精心筛选、梳理的项目条件为基础，大家各自提案；之后，以 2 ~ 3 天为一个周期，进行高强度的方案讨论。"你究竟做了什么，能否再用语言总结一下？""这么做的好处是什么？""这样设计没法满足疏散条件吧？要不，镜像一下试试？"在伙伴们诸如此类的朴素"逼问"下，每个提案都在不断完善着，同时，彼此的相互影响也在悄然发生……而最终的定案，呈现出的是独立个体难以直接预见的可能性。

　　在杂木林松软的地面上，或许无法留下清晰的足迹，但它让我们有机会将由大家的想法熔铸而成的闪光的东西，留藏在林子的角角落落，并可以始终期待着各自在草木间拾到有趣的惊喜。

头脑风暴场景

上海博风建筑设计咨询有限公司
合伙人 / 主持建筑师

大顺屋

上海嘉定 · 2011
Dashun Pavilion · Jiading, Shanghai

　　嘉定远香湖公园与紫气东来公园一东一西并排排布，作为景观道路的天祝路将二者联结起来。天祝路由西向东进入远香湖公园，跨过一座桥后开始转弯，然后再分叉。"大顺屋"基地处于天祝路转弯处南侧，这里也是远香湖公园相对中心的部位。业主计划在此处设置一座400m²的公园服务中心。任务书要求建筑由茶室、礼品店，以及公园公共卫生间、管理办公和配电间五个功能部分组成。

　　这个项目开始时公园尚未成形，设计依据多来自公园的规划与景观方案。从规划图纸上可以看出，基地毗邻天祝路，另一侧临水，并接壤一处尚未开发的地界；面对道路的一侧较为开放，另一侧则比较私密，两侧具有不同的场地性格。受容积率所限，新建建筑不得不贴近天祝路，不会呈现大多数公园内建筑在绿树掩映下若隐若现的样子，而由于该基地是公园未来三条主要景观道路的交会点，建筑将面临多角度视线的审视。

　　进一步分析任务书可得到如下信息。第一，在400m²范围内设置5个各自独立的功能，在面积分配上要做到合理且经济。第二，从公园的运营模式看，任务书的功能要求只是相对临时的决定，这意味着建筑建成后其目前设定的功能很可能会被调整。然而，5个功能在建成后使用的不确定程度各不相同：其中，卫生间的功能相对是最确定的；管理办公与配电间次之；而茶室与礼品店则是相对最不确定的，即这两个功能在建筑建成后的具体使用状态，设计时很难预测。第三，任务书中各个功能对公共性要求各不相同：茶室与礼品店是营业性场所，需要具有很强的公共性；卫生间虽也有公共性要求，但如果在公共界面上过于暴露的话，又不太恰当；管理办公用房间并不需要直接暴露在公共界面上，但需要与其有一定的空间关联。

　　大顺屋是一座在基地内顺着弧形

天祝路延展，再向基地内部弯曲的条状建筑，平面呈翻转的"6"字形。与天祝路平行的外凸弧形体量内设置茶室与礼品店；逐渐远离道路的弧形部分设置公共卫生间；弯进基地内的弧形部分设置公园的管理办公用房与配电间。这样的布置使茶室与礼品店直面公园道路，具有较强的公共性，其通长的条状空间具有灵活性，可以最大限度地满足日后功能的调整。公园管理办公用房处在条形建筑的末端，被藏进基地的"内部"，无需围墙便具有了一种既身处公共环境又具有私密感的特性。卫生间被安排在茶室、礼品店与公园管理办公功能之间，沿着公园道路也很容易到达，其外形表现出略微退让的势态。

大顺屋在内侧围合出一个圆形的半公共庭院，这是茶室与礼品店的后院。气候适宜时，茶室中的桌椅可以移至这个安静内向，却没有封闭感的庭院中。管理办公用房有一扇通长的条窗开向庭院，它在办公与庭院间建立了一种联系，使相对私密的办公室面对庭院获得了一定程度的开放感。

大顺屋沿天祝路一侧设置了与建筑立面结合在一起的长木椅，椅面比常规尺寸更宽、更深，游人在上面可坐、可卧，可以用更加自由的方式使用。这种设计不仅获得了公园公用设施应有的尺度感，也在建筑与天祝路间建立了一种恰如其分的过渡关系。挂着"玻璃刘海"的雨篷不仅为木椅

遮风挡雨，而且将人对高度的体验从建筑顶部的4m直降到玻璃底缘亲人的2.3m，使人在雨篷之下有一种被建筑庇护的感觉。"玻璃刘海"包裹着的空间与长椅，吸引着公园内的游人在此驻足，与任务书上那些预先设定的功能相比，似乎它才是建筑的"主要功能"。沿路望去，雨篷的玻璃上映射着周围的景色，削弱了建筑的实体性，在多雨多阴的江南天气中呈现出一种别样的灵动。（2012）

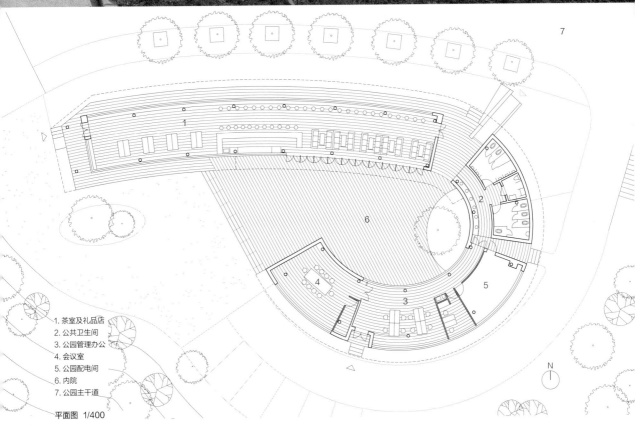

1. 茶室及礼品店
2. 公共卫生间
3. 公园管理办公
4. 会议室
5. 公园配电间
6. 内院
7. 公园主干道

平面图 1/400

短向剖透图 1/80

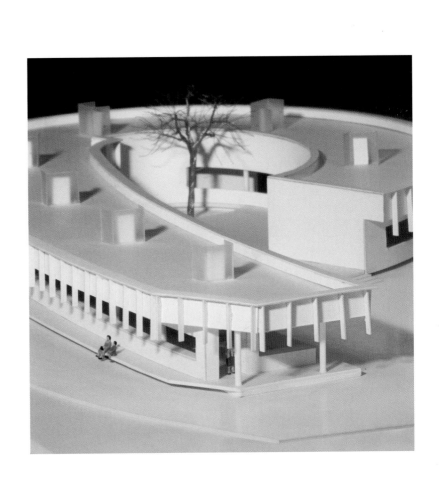

带带屋

上海嘉定 · 2011

Daidai Pavilion · Jiading, Shanghai

嘉定远香湖公园是一个被公园道路、城市道路与水系切分成若干半独立地块的绿地群。"带带屋"在功能上被定义为"建筑面积 400m² 的小型餐饮设施"。从公园规划与景观方案上可以看出，在这个地处公园南面边缘地带的一个独立地块，与园内主要道路没有直接联系的基地上，可期的游客人流量相对较小。基地东侧为车流量很大的城市过境快速路——沪宜公路，南侧为城市区域干道伊宁路，这些道路对基地都有较大的噪声影响；但是，对于城市道路旁的建筑来说，其形象需要有鲜明的展示性。分析下达的项目要求，可以看出功能设定中仍然存在不确定的因素，其中最重要的一点是：以后在此经营的业主将如何理解这座建筑，如何安排建筑内的功能并如何对其进行装修。这些问题在设计时都无法确定。

带带屋由一个长方形平面的单坡顶聚餐大厅、平顶厨房以及一系列方形平面的独立单坡顶小包间组成。聚餐大厅与厨房组成 L 形平面的主体量，小包间通过内侧净高 2.4m 的连廊，以椭圆形的平面布局环绕在主体一侧，并借势围合出一个内院。以实墙面为主的厨房邻接噪声较大的城市道路；小包间则面朝公园，并且彼此间设置了露台"间隙"——公园景色从这些"间隙"渗透内院。入口坡道位于椭圆形内院中聚餐大厅的一侧。随坡道将人从外部带入庭院内的建筑

主入口，其空间高度也从最初的 3.9m 逐渐压缩到 3m，及至包间雨篷下时，空间高度已被压缩到 2.4m——这种设计处理使人的体验从公园尺度轻松自如地过渡到建筑内部的亲密尺度。

在带带屋的设计中，建立的是一种大与小的基本空间秩序。从功能上看，设计中确立的大房间一方面可以满足聚餐主厅的功能；另一方面这种没有内部划分的大空间可以灵活使用，以满足未来功能调整的要求。设计中的小房间被设想为餐厅的包房，每间包房面向不同的风景，每间包房都配备有一个室外平台，以方便气候

适宜时室内使用功能的拓展。从空间上看，这种以内庭院、庭院中的大房间，以及围绕在外围的小房间形成的组织关系很像欧洲中世纪修道院的格局（如 La Certosa di Pavia），在区分公共性与私密性的同时给人一种明确的空间等级秩序。这是建筑格局"自带"的一种明确的内在秩序，无论未来的业主如何使用这个空间，这种内在秩序总会发挥其决定性的作用。

虽然在平面上，建筑椭圆状的几何形式很明晰，但从建筑周边看，这种平面对应的形体外观并没有凸显的几何形式。从城市道路上远远看去，

带带屋像是公园密林后若隐若现的一片坡顶房，与其说表现了什么整体的形象，倒不如说更趋于一种基地上原有普通民宅群的意象。然而，当人进入建筑时，可以深切感受到内庭院明确的椭圆几何特征。这个内敛的具有向心感的院子给了建筑内部一种安定、静谧的感受。看似零乱、致密的外形与其内部完整统一形式之间的反差让建筑在被人感知时更显得复杂而多义。（2012）

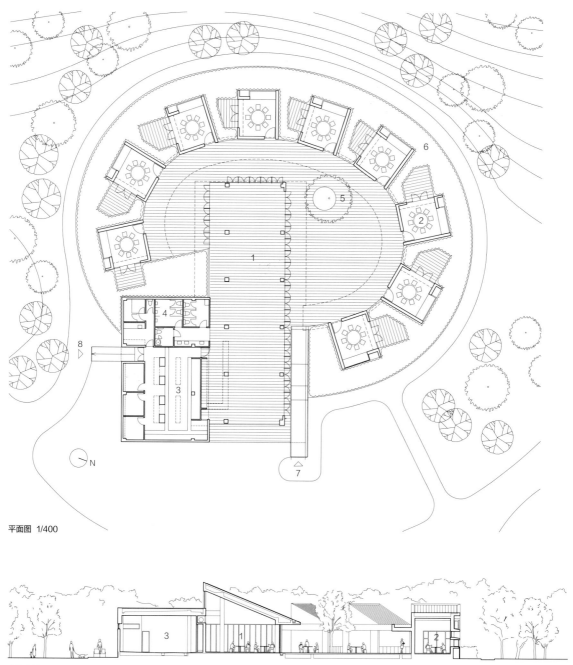

平面图 1/400

南北向剖面图 1/400

1. 聚餐大厅　5. 香樟
2. 包间　　　6. 茶梅
3. 厨房　　　7. 主入口
4. 卫生间　　8. 后勤入口

桂香小筑

Laurel Fragrance Follé · Jiading, Shanghai

　　"桂香小筑"是嘉定远香湖公园东北部绿地中的一座独立公共卫生间，其功能构成除卫生间所需外，还附加一个公园的垃圾收集站。从平面上看，各功能所占面积指标都几近极限，没有冗余面积可供调动。在此紧凑布局的基础上，卫生间的几处墙体在平面上进行了方向扭转，这不是按平面构图原则进行的操作，除了满足建筑功能上的围合或分隔要求外，这种扭转主要来自对人在空间感知上的考虑。例如入口内外两侧呈"八"字形布局的墙体，利用入口门洞的小开口，使在外部收缩的空间，在内部被急速放大：首先，人们感受到的是从室外大尺度空间进入室内小尺度空间时的一种过渡感；其次，人进入建筑后（洗手台设置的区域），建筑西面的绿化景观随着被放大的空间扑面而来，这种豁然开朗的身处半室外空间的感受由此处建筑屋顶的上翘得以进一步加强。多处室内围合一端大一端小的处理，在化解或组织平面几何关系的同时，也使建筑内部空间的动感得以加强。

　　在建筑平面中，可以清晰分辨两组墙面关系：一组是重复排列的蹲位单元，在满足公共卫生间基本功能要求的同时，构成了建筑平面中最主要的正交几何网；另一组是为塑造空间感知而设置的歪斜在正交网中的墙体，就像保龄球运动中投球撞击木瓶那样，将一组规整的几何秩序瞬间打破。建筑中规整的部分具有功能与结构上的意义，而歪斜的部分则起着空间感知传递的作用，设计时没有试图将其中一方推到极致来压制另一方，而是希望通过反复推敲获得一种二者悠然共处的状态。在这种状态下，异质的部分被正交的部分所消化，同时在看似破碎的平面"残局"中，二者

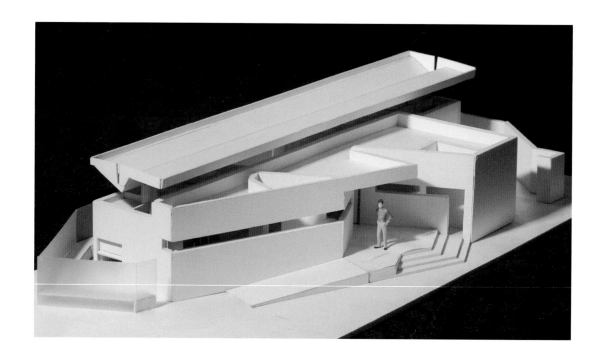

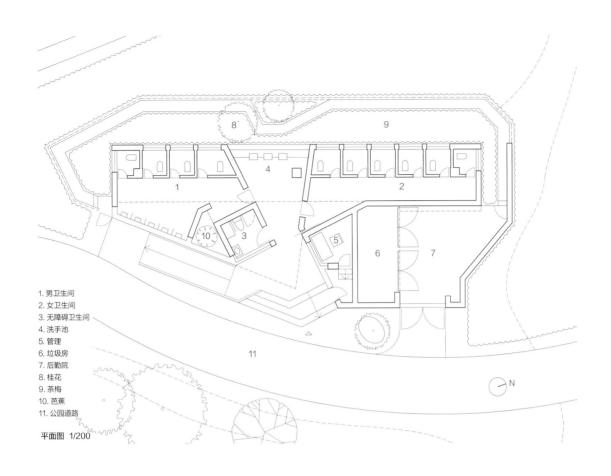

1. 男卫生间
2. 女卫生间
3. 无障碍卫生间
4. 洗手池
5. 管理
6. 垃圾房
7. 后勤院
8. 桂花
9. 茶梅
10. 芭蕉
11. 公园道路

平面图 1/200

各自的鲜明特征依旧得以保持。

与平面上的状况相似，在建筑的典型剖面上也可以清晰辨识两部分：一是蹲位单元，二是覆盖蹲位单元的大空间。每个蹲位空间宽1.5m，深1.5m，最大净高2.1m，是被刻意"挤压"过的小空间，以形成对人身体的包裹感。蹲位单元的两侧隔断通高，正面隔断高度1.8m，外墙面设置磨砂玻璃的落地窗——上部为可开启的通风扇，下部为0.8m高、与蹲位隔间同宽的固定扇。夏季里，通风扇与建筑高侧窗之间可形成良好的拔风效应。固定扇正对种满了茶梅的小花园，修剪得几近等高的叶色与花影透过磨砂玻璃隐约可见，而花园外边界的高大绿篱捍卫着这座建筑必需的私密性。覆盖蹲位单元的大空间在剖面上呈阶梯状，高处净高3.8m，低处净高2.6m，二者屋面的高低落差自然形成建筑的高侧窗。

设计并不刻意在建筑中表现结构，而是希望结构可以与填充墙之间产生互动，并共同完成对建筑的塑造。一排三根具有独立秩序感的清水混凝土柱子支撑起了桂香小筑"V"字形外包大空间的屋顶，与其他结构体完全脱离。截面尺寸400mm×400mm的柱子在这个不大的建筑中有较强的存在感，从而有效避免了空间设计上的秩序把结构秩序完全消化掉。（2013）

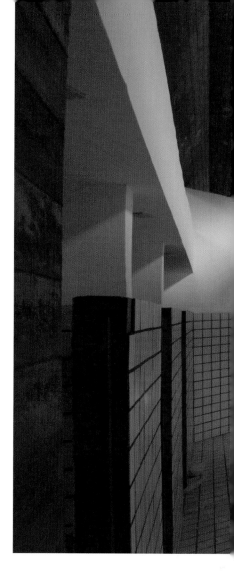

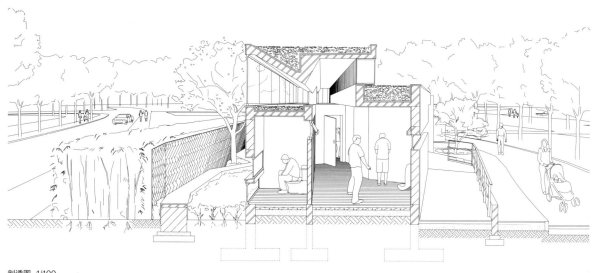

剖透图 1/100

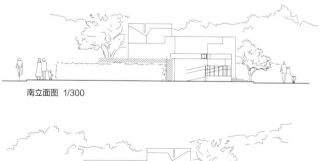

南立面图 1/300

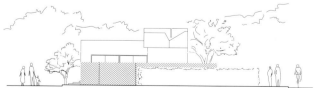

北立面图 1/300

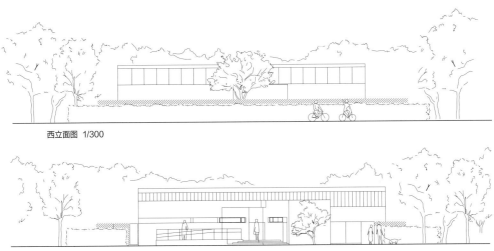

西立面图 1/300

东立面图 1/300

环轩

上海浦东 · 2013

Roundabout Veranda · Pudong, Shanghai

　　"环轩"是一座底层为餐厅，二层为旅舍客房的小型会所建筑，由一座原计划建造三层，但只完成了一层的矩形平面的烂尾楼改造而成，位于上海近郊。建筑的东、南、北三面被水面围绕，南面会所园区的主入口通过道路可直达建筑西侧和西南角。

　　由于环轩四周的景观资源优越，因而牵制建筑空间布局的首要因素不是主要空间的塑造，而是对通识中认为需要放在建筑"背面"的厨房等附属用房的设置。只有将这个"背面"的功能安置妥当，确定后勤流线，才能进一步安排其他的流线。作为后勤功能的厨房不仅要尽量少占用外部景观资源，还要做到功能合理，清晰区分内外流线。经过反复分析与比较，环轩的厨房最终被定位在原建筑平面的西南角。厨房处于从主路看过来相对"很暴露"的地段，通过设计将主路与建筑前的绿化重新组织，营造出

一个有一定深度的小花园。花园中茂密的植物以及一个由建筑中延伸出来的矮墙围合出的后勤小院共同打造了厨房的隐秘与便利。

　　由此，建筑整体的设计概念得以明晰：在原有矩形平面的基础上，去除老结构西北角的一个柱网单元，增建放大建筑的西端空间，以扩增部分的南立面作为建筑的主入口，并以此形成环绕厨房的主要客流流线，这也是一条近360°无死角的景观线。

　　在这条柔和的交通流线中，空间与人视野中的景色有多重组合关系：从南面主路步入建筑前，周边密林环抱；净高3.2m的雨篷下，湖水北岸的密林在人的视野中延展开来；进入主入口，水面、曲桥连同延绵的密林一同闯进视野；环绕至就餐中央大厅，建筑的南向花园一跃成为视野中的景观主角……

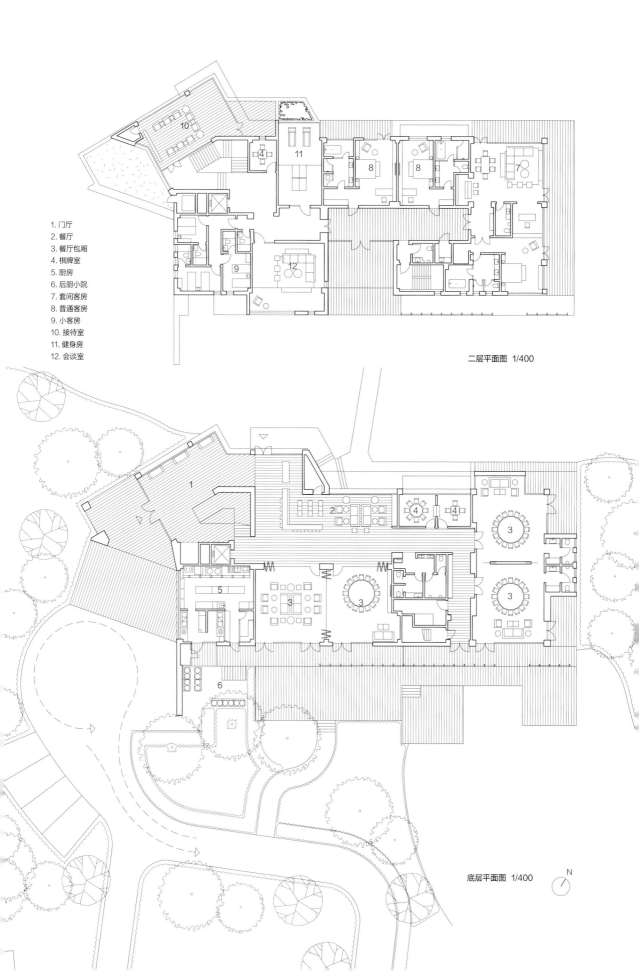

1. 门厅
2. 餐厅
3. 餐厅包厢
4. 棋牌室
5. 厨房
6. 后厨小院
7. 套间客房
8. 普通客房
9. 小客房
10. 接待室
11. 健身房
12. 会谈室

二层平面图 1/400

底层平面图 1/400

N

增建的新结构体不仅成就了建筑底层的景观环绕，也解决了由底层通往二层的交通问题。由于原有结构所对应的建筑流线与新建筑完全不同，原来二层楼板上预留的垂直交通孔洞无法满足新建筑的要求。设计利用增设结构体与老结构体之间的空隙，设置了由底层通往二楼的楼梯与电梯，在解决上下两层交通流线的同时，也避免了在老结构楼板上开凿新洞。建筑二层是叠在老结构上的新框架，主要功能是客房，另设一个接待室和一个小健身房，都是相对较私密的区域，并有占据景观资源的需求。从功能安排的角度看，一个由内廊通向各个功能房间的平面格局是有效的。设计将二层朝南的一间房间去除，设置为露台，除了为内廊引入自然光线与外部景色外，也使建筑在面对园区入口方向的形象上有了一种正面感。设置天窗屋顶的二层内廊让人仿佛置身于一个内院。

建筑体量在环境中建立的尺度关系是设计中重要的考量因素。环轩与北侧湖岸仅 13m 左右的间隔，而自水面算起的建筑高度为 9.9m（一层原有结构高度 4.55m + 新建二层层高 4m + 女儿墙高度、水面与室内地坪落差等），从湖北岸观望建筑时，对人心理上产生的压迫感不言而喻。为了化解这个问题，设计将二层临水阳台的空间净高度降低至 2.4m，从而有效降低了人视线感知中的建筑高度。通过水面和水平向延展的阳台体量，建筑"编辑"了视觉中风景的上下边缘，使人愈加感受到周边景色的舒展和开阔，而内凹的阳台空间似乎具备一种把风景"吸进体内"的力量。（2016）

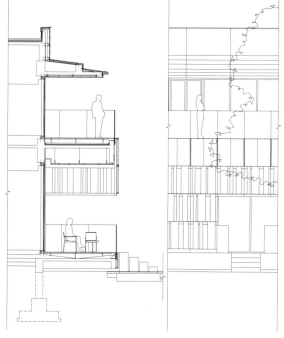

外廊墙身大样及立面图　1/150

瑞昌石化办公楼 河南洛阳 · 2013
RC Petro-Chemical Office Building
Luoyang, Henan

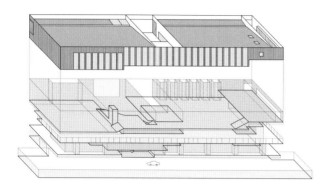

瑞昌石化办公北楼地处洛阳工业区的城市景观中，博风建筑接手设计时，这是一个已经打好底层基础的待建项目，南面紧贴净高12m的金属加工厂房，北面临街，街面与南部厂区室外地坪有约4m的落差。在平面轮廓及柱网已经确定的前提下，为了与其周边稀疏、空旷的场地在尺度上相匹配，设计将办公楼设想为一个与厂房在材料与构造处理上都相似的简单长方体。按功能容量要求，这座建筑临街面的总高度将达到21.5m，因考虑需要照顾到街道上的行人看建筑时的尺度感受，长方体的概念并没有被落实在整座建筑上，而是被落实在这栋临街为三层（按照南部厂区地坪计为四层，底层作为邻接厂房的功能扩展及其附属用房。下文阐释按照街面层数）的建筑顶层——一个与厂房空间相似的大空间，单跨结构，呈现出巨大"箱体"的形态。从立面看，箱体以下楼层更为透明、多孔，这使

得顶层的箱体仿佛悬浮在空中。"悬浮箱体"作为建筑形态设计的出发点，以一种简单、宽松的形式，在项目推进过程中吸收、消化各种可预见和不可预见的制约条件，使自身逐渐丰满和清晰。

概念是设计的关键，而概念与实际需求间的磨合则是建筑设计的主体工作，这是一个反复研究与推敲的过程。对这栋建筑来说，顶层功能设置为健身中心，包括多种运动场馆；以下两层设置集中大办公空间和小办公室、会议室、餐厅、建筑临街面的主入口门厅以及主要垂直交通等功能。为了获得不同使用功能各自合理、舒适的空间，在层高6.6m（顶层为斜坡屋顶，最低处层高6.6m）的基准尺度中，经过反复研究与设计调整，以主要垂直交通空间为界，其东部区域下调三层楼板标高1.67m，从而获得顶层约9m的净高，以适应篮球馆或大

型集会厅的功能，而其下二层被压缩到4.93m的层高正好适用于安排大小会议室，一层（6.6m层高）则被用作餐厅；其西部中间区域的一二层主要为拥有全层高的集中办公大空间，以及环绕其周边的"双层"小办公室（在每层楼面标高之上的3.3m处设置夹层）。建筑西北角正对城市道路的十字路口，这意味着其转角的两个面都是重要展示面。建筑西端顶层通过设置夹层，使箱体陡然收紧。建筑角部两层（二、三层）通高的大露台不仅赫然呼应着十字路口的风景与视线，也让悬浮箱体的形态意象得以加强。自此，概念与实际需求磨合后的顶层形态为底面呈阶梯状的长方形箱体。

顶层箱体以下，二层楼面位置设置了一排连续的凹凸状的"玻璃盒子"。这些凹凸盒子的内部净高2.4m，是伴随在6.6m层高的集中大办公空间中与人身体尺度亲近的小空间，它们编辑了从二楼办公空间看向城市的视线。从建筑外部看，玻璃盒子的存在混淆了人视觉中的楼层线，从而让建筑立面的尺度变得含糊。一旦立面上可见的楼层与层高对尺度的惯常心理暗示被打破，人们便可以更加自由地对建筑展开阅读，而这条在尺度上被尽量压低的空间不仅强调了建筑横向延展的形态，而且作为对比，也衬托了顶层箱体的巨大、显要和悬浮感。

联结包括夹层在内所有楼层的主楼梯一边兼顾电梯厅的必要尺度，一边顺势而上，以一层的斜向梯段和二层、三层逐梯段向西平移的阵势，形成一个进深12m、上部最大面宽7.2m，下部开口宽2.4m、高19.7m的竖向漏斗形空间。阳光从楼梯间顶层的南向大窗倾洒而下，充溢其中……人在这个上大下小的光的空间中，步移景易，不同方位的转折与切削、变化中的空间穿透形成了多维度的视觉体验和心理感受。从巨大"漏斗"狭小尾部外溢的阳光照亮门厅，成为这个北向扁平空间的最生动之处，也成就了垂直向楼梯间与横向门厅间的一次戏剧性交汇。（2014）

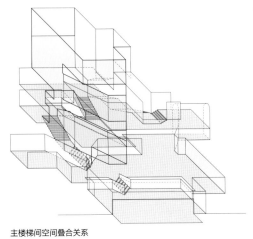

主楼梯间空间叠合关系

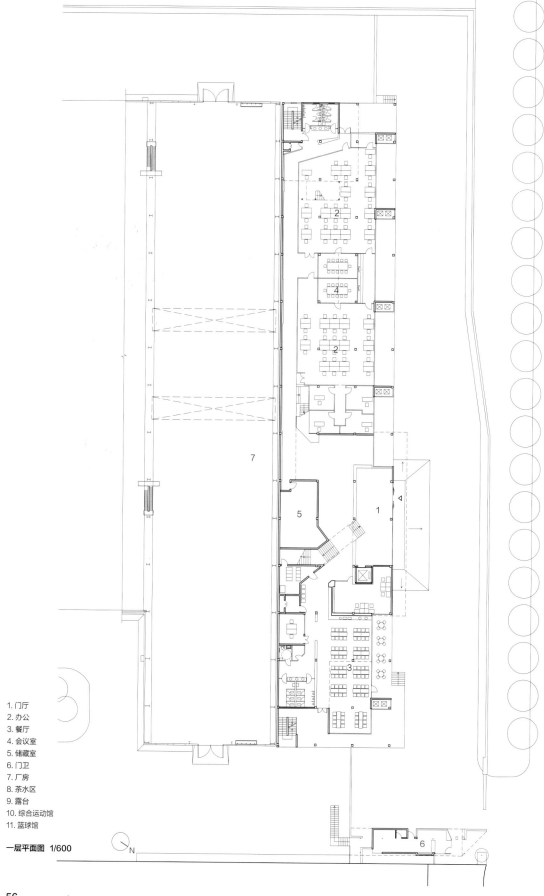

1. 门厅
2. 办公
3. 餐厅
4. 会议室
5. 储藏室
6. 门卫
7. 厂房
8. 茶水区
9. 露台
10. 综合运动馆
11. 篮球馆

一层平面图 1/600

N

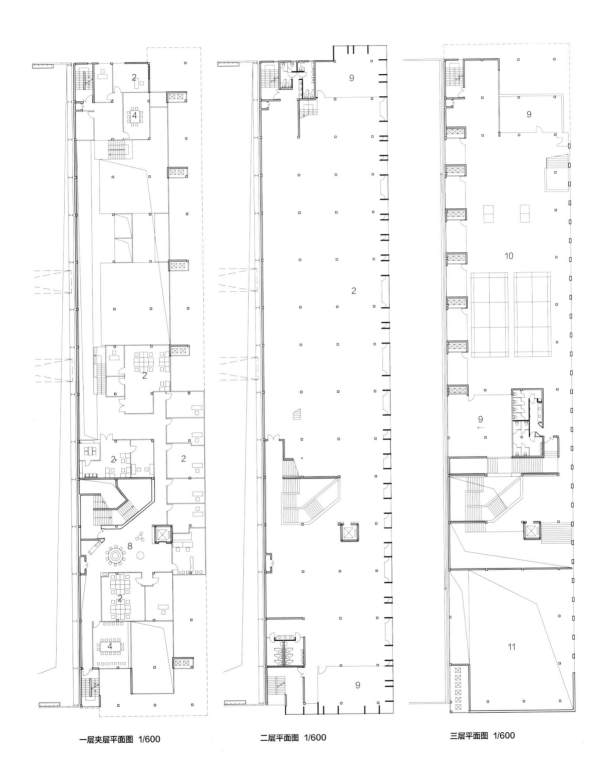

一层夹层平面图 1/600   二层平面图 1/600   三层平面图 1/600

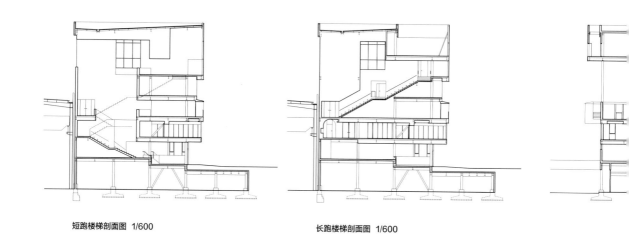

短跑楼梯剖面图 1/600　　　　　　　　　　　　长跑楼梯剖面图 1/600

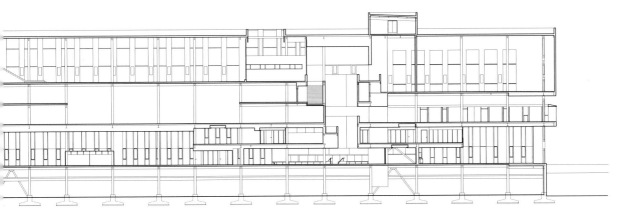

长向剖面图 1/600

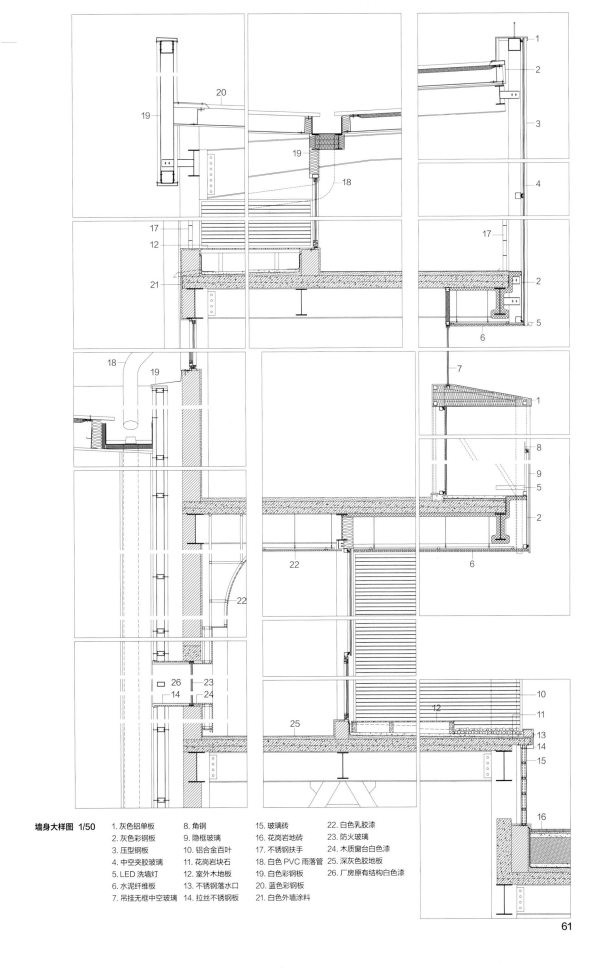

墙身大样图 1/50

1. 灰色铝单板
2. 灰色彩钢板
3. 压型钢板
4. 中空夹胶玻璃
5. LED 洗墙灯
6. 水泥纤维板
7. 吊挂无框中空玻璃

8. 角钢
9. 隐框玻璃
10. 铝合金百叶
11. 花岗岩块石
12. 室外木地板
13. 不锈钢落水口
14. 拉丝不锈钢板

15. 玻璃砖
16. 花岗岩地砖
17. 不锈钢扶手
18. 白色 PVC 雨落管
19. 白色彩钢板
20. 蓝色彩钢板
21. 白色外墙涂料

22. 白色乳胶漆
23. 防火玻璃
24. 木质窗台白色漆
25. 深灰色胶地板
26. 厂房原有结构白色漆

七园居

浙江德清 · 2016

Septuor · Deqing, Zhejiang

"七园居"是德清西部山区一栋利用两层的老民宅改扩建而成的小型山村旅社。民宅原有木结构空间中可以容纳旅社客房的卧室部分，但添加卫生设施则有困难，因为一方面增加集中荷载对原有木结构不利，另一方面，在木质环境中，卫生间的水汽与地面排水很难处理。有效的解决方案是在原有木结构后面添加承载卫生设施的新的钢筋混凝土结构或钢结构，周边一些类似的改造项目就是这样操作的，七园居也不例外。在"前旧后新"两条建筑构架的整体布局之上，七园居还增设了几个小的结构体，例如门斗、3号客房、咖啡厅和厨房等。

这座旅舍总共有7间客房。1号—3号客房位于底层——其中，1号和2号房位于原木构架中，通过户前的小庭院直接入户；3号钢筋混凝土结构弧形平面的房间也有独立的小庭院，但主要通过室内入户。有3部室外楼梯通达二层的4间客房（4号—7号），其中靠山墙面的4号和7号客房设独立楼梯，中间两间客房（5号和6号）共用一部折跑梯。融入环境的室外楼梯可以让住客在进出房间的过程中真切感受周边景色。楼梯承担的是交通功能，但它们更是立体的观景路径。常规的交通空间会造成居住与景观间的疏离，将交通空间的"通道感"去除后，在人们的实际体验中就仅存清晰的房间与景色的二元关系。这让外部景色与内部空间在人心理上的连续感加强，从而得到一种"居于山村环境中"的切身享受。楼梯穿插或外挂

在主体结构上，塑造出的是突破了基本结构骨架限制的体验关系。与底层分户小庭园相对应，二层的客房均有自己独立的屋顶花园。

被改造的老宅屋主为兄弟两家人，各占建筑的半边。整栋木构老宅共6个开间，开间尺寸两头小中间大，最大开间为3.68m。这样的尺寸很难满足舒适型旅客房的要求，为此，设计将二楼的6开间格局改造成4间客房，将底层南面的3开间改造成2间客房，北面的3开间改造成旅舍的大堂。在对老结构的新布局中，穿插在房间中的结构木柱成为设计珍视的对象。木柱连同其关联的木楼板、木屋架会引导旅客去体验那份经年累月的时间磨砺，这无疑是山村旅社理应带给人的重要体验之一。

人们对山间旅舍的期盼是"一处尺度宜人的住处"；然而，老宅的空间虽然不算高大，但其尺度也并非"亲切"。既然老宅木结构的尺度是无法改变的，那么，新建部分除了满足功能要求外，就有必要对空间的尺度关系进行调整，以提升建筑体验。在这座建筑中，新结构在通常情况下会比原木结构空间低，营造亲人尺度的同时，也让建筑形象显得更"小巧"，从而与老宅以及周围起伏的山地环境建立更融洽的关系，例如增设的主入口门斗结构体。这是一处从雨篷到门斗顶板一气呵成的钢筋混凝土构筑物，净高2.2m与清水混凝土质感一贯内外。门斗正上方，在标高3.6m

处设置的是接续由原木构楼面延展而出的客房露台——新、老结构不露声色地在同一标高上"搭班唱戏"了。对于1号、2号客房前由老宅楼板高度决定的原有门廊，设计悬挂吊顶格栅以化解过于高敞的尺度，使其客房的入口空间更加亲人。

除老宅的木构架外，在1号、2号客房尽端位置还保留了一部分很厚的原有结构性夯土墙，于是，借用夯土墙，设计顺其自然地将客房卫生间塑造成覆土洞穴一般——特殊的尺度感成为这两间客房的独特体验。建筑二层原有木构坡顶之下的室内空间很高，设计采用插入"小盒子"的方法

使原有空间在视觉上保持独立性的同时，打造新的亲人尺度。在这里，有的小盒子是客房门斗，有的作为盥洗空间，而小盒子的顶部则收纳老宅木构无法隐蔽处置的空调管线与内机，从而有效避免了现代设备对"老宅"室内氛围的干扰。

七园居中一个被设计到几近极致的尺度值得一提，在6号与7号客房的卫生间。从剖面图可以看到，两间客房的卫生间虽然位于新结构之上，屋顶却是老宅木屋顶的延伸，直至室内净高被压到1.6m——这种让人与屋檐近在咫尺的强烈感受只有偶尔在老民宅中才能体验到。在这座建筑中，

新结构营造的是一种"老建筑"的氛围，反衬着由老结构架构出的"新式空间"；新结构以尺度为手段，烘托并延续着老建筑的时间感。新与旧在这座建筑中化作将不同时空交织在一起的切身体验。（2017）

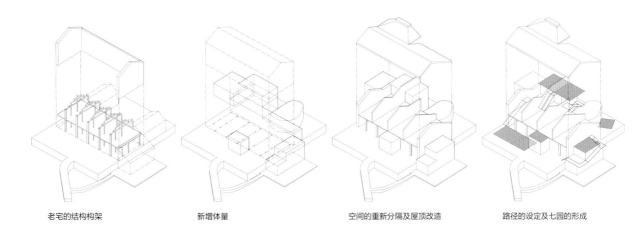

老宅的结构构架 　　　　新增体量 　　　　空间的重新分隔及屋顶改造 　　　　路径的设定及七园的形成

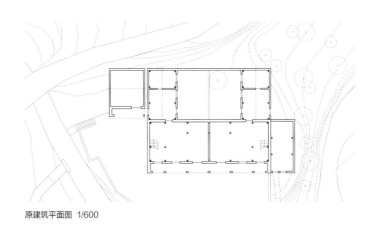

原建筑平面图 1/600

N

底层平面图 1/300

1.1 号客房	7.7 号客房	13. 原有住户保留用房	19.3 号客房庭院
2.2 号客房	8. 大堂	14. 南侧公共平台	20.7 号客房露台
3.3 号客房	9. 公共卫生间	15.1 号客房庭院	21. 公共露台
4.4 号客房	10. 咖啡厅	16.2 号客房庭院	22. 餐厅（兼会议室）
5.5 号客房	11. 玄关	17. 东侧公共平台	23. 储藏室
6.6 号客房	12. 厨房	18. 咖啡厅公共平台	24. 布草间

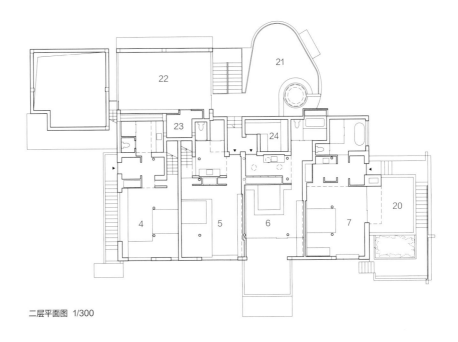

二层平面图 1/300

1. 防腐木板底座
2. 防腐木地板
3. 防腐木板
4. 小青瓦
5. 不锈钢檐沟
6. 竹篾灯槽
7. 污水管
8. 水磨石
9. 木望板
10. 保留木椽
11. 保留木柱
12. 镜子
13. 白色防水乳胶漆
14. 白色 PVC 管，金色喷涂
15. 保留木梁
16. 新增木柱
17. LED 灯带
18. 保留木楼板
19. 钢筋混凝土楼板
20. 橡木地板
21. 毛石墙
22. 排气管
23. 钢筋混凝土侧壁
24. 钢化玻璃天窗
25. 白色硅藻泥
26. 金色硅藻泥
27. 推拉门
28. 排风扇
29. 钢化玻璃
30. 夹心彩色钢板
31. 新增木椽

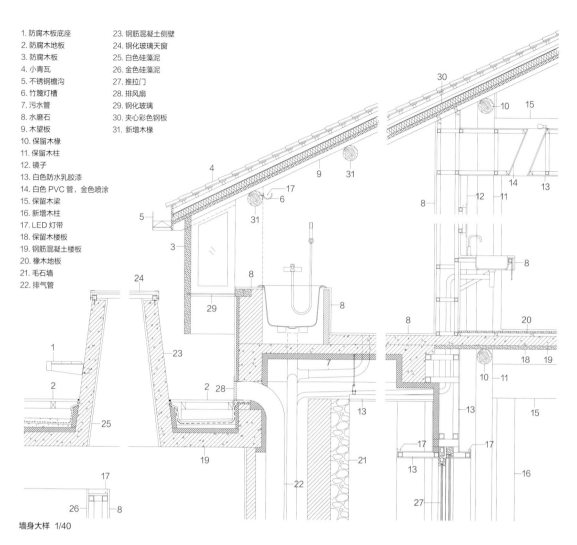

墙身大样 1/40

餐厅及 5 号、2 号客房剖面图 1/300

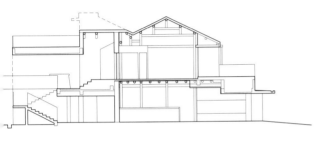

大堂及 6 号客房剖面图 1/300

大堂及 7 号客房剖面图 1/300

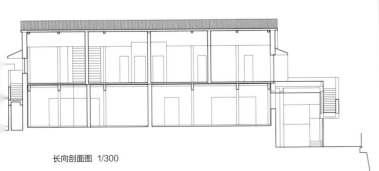

长向剖面图 1/300

即物的便宜主义
CONVERSATION: Pragmatic Opportunism

2017 年 11 月 24 日，在参观了庚村民宿"大乐之野"和七园居之后，坂本一成、奥山信一、郭屹民、王方戟、水雁飞、久野靖广等就两座建筑的设计进行了讨论，郭屹民为其中的日语对话作了现场中文翻译

坂本　　刚才路上我们说到了"即物的便宜主义"这个词，七园居门厅入口处类似实木饰面与涂料之间阳角交接的这种处理便是非常明显的例子。这座建筑是一个比较整体的酒店，但通过一些方式，比如让大堂里的人在进入房间之前先经过室外，从而使房间与房间之间产生了距离，这是建筑师很努力地在进行设计的表现之一。

大乐（"大乐之野"简称，后同）非常明显的意图是将室内各处通过一种"柔和的方式"连成一个整体，这与七园居的做法不同。七园居希望通过外部和内部的转换，改变建筑中房间和房间的关系，同时又将房间都整合在整体结构之中。我注意到在介绍七园居设计的资料中，最重要的是一个流线的分析图。建筑师希望用流线将房间之间的距离拉开——流线是这个设计的出发点。所以说，这两个设计在空间的结构上使用了两种完全不同的处理方式。

大乐的出发点是以场地上原有农舍的占地投影（footprint）为基础来做设计。建筑虽然是全新的，体量也有所调整，但是它将原来农舍的体量意象保留了下来。

为什么说七园居设计中带有"即物的便宜主义"呢？设计中原来农舍的结构架构是被保留下来的。从设计的角度来看，老的结构架构是一个出发点，也是一个已经成形的物理性制约。建筑师利用这个架构，通过对流线的重新组织，在它的基础上形成了另外一套功能体系。这样一种方式，我们当然可以认为是一种"便宜主义"的做法，因为它把原来的要素最大化地用在了新的建筑里面。因此，从出发点来看，大乐和七园居就是非常不同的。

还有一个就是功能要求（program）的差异。大乐是一个高级的小型精品酒店，它是以商业模式进行开发，并以获取利益为目标，是一个很商业化的酒店；而我刚才了解到，七园居除了营业用途外，业主自己偶尔也会来居住或同时接待自己的客人，因而它不是以商业盈利为唯一驱动力的，所以这座建筑更接近于"民宿"的性格。在设计中，七园居尺度的控制及使用方式自然都和大乐很不一样。在我看来，这两座建筑应该可以代表中国乡村民宿或旅馆的两大类型。

在细节和材料处理上，这两座建筑表达出两种完全不同的性格。只看一座

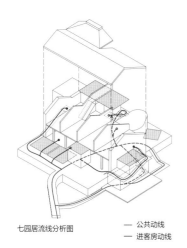

七园居流线分析图　　　—— 公共动线
　　　　　　　　　　　—— 进客房动线

1. 坂本一成　　5. 王方戟
2. 奥山信一　　6. 水雁飞
3. 久野靖广　　7. 董晓
4. 郭屹民　　　8. 村田涼

建筑很难评价两位老师的设计方式。仅从这两座建筑中看到的是：大乐呈现出一种精致、细腻的设计作风；七园居则表达出一种即物性，但又是带有"便宜主义"态度的即物性处理。二者之间没有价值判断上的好与坏，都是在建筑学中可以成立的方式。两位老师在碰到其他业主及建筑类型，当设计条件不同的时候，设计方式及态度也肯定会有所改变。对于这两座建筑来说，设计的自由度还是比较大的，也许它们很好地体现了两位的设计态度及设计方式，也将两位各自不同的性格表达得比较彻底吧？！因为我没看到过两位的其他设计，这方面也不好下判断。

在我看来，这两座建筑在设计上应该都是非常成功的。它们都让我看到了业主、看到了场地对于建筑的不同要求——设计和细节上把这些要求都呈现出来了。如果说这两座建筑的设计态度是两个极端的话，我做的设计会选择走在中间（笑），这样我会觉得很有意思。"极端"不是贬义词，走到极端表达了一种明确的人的性格。从性格上讲，我一直很难走到极端，所以我也很羡慕两位。

王　七园居的设计虽然有很多是按照具体要求进行构思，但在设计方法上也受到坂本老师设计思考的启发。比如 Egota 住宅中那种通过将居住直接与城市空间连续，从而让人获得处于环境中的一种自由感的做法就对我很有启发。这是对我们早已习惯并奉为典范的、具有空间层级关系的居住空间设计套路非常好的批判。七园居虽然在乡村，但也尝试了这种将居住与室外环境连续的做法。

坂本　我认为，由于你比较在意"即物的便宜主义"这样的方式，很多地方会按照这个线索去展开，才得到最后这样的设计，我的设计启发应该还在其次。七园居与其说居住与外部空间之间的连续有意思，还不如说整个建筑的空间构成更有意思。比如说，一般乡村的度假酒店中都会有门厅；相对高级一点的酒店会有好几栋建筑；客房布置得比较分散。像这类酒店那样，七园居也有一个门厅，也有相互之间有一定距离的客房；但是，从空间构成上看，这些客房是"抱"在一起的，相互之间形成一个整体。你们找到了一种居于一体化与分散化之间的构成方式，这是这个旅舍最有趣的地方。

王　　奥山老师曾经谈到，他设计的建筑需要有一个抽象的空间构成。我的理解是，他认为建筑的图形有一种力量，图形反过来能对项目的各种现实条件形成制约。如果没有这种制约，建筑设计就会成为一种看似科学，但缺少建筑学置入的简单推导。在七园居的设计中，我们也试图利用几何的手法重新整合设计条件。我想问坂本老师，感受到七园居图纸上的几何关系与现实体验之间有哪些差异吗？

坂本　我看七园居的图得到的想象和现场体验之间的差异不大；不过，有些细部在图纸上不容易注意到，在现实中却能有一些体验。比如底层老的木柱子边又加了方的新木柱进行补强的做法，比如建筑与场地的对应关系，以及建筑在周围环境中表现出的延绵的时间感等，都是图纸上读不出来的。你提到奥山的话我很赞同，但这是奥山的表达方式，不是我的表达方式。

　　这两座建筑确实反映出两位建筑师的不同性格。王老师我们非常熟悉，他温和、柔软、姿态谦逊，所以七园居的设计思路及细节处理上都表达出了"即物的便宜主义"所应有的柔软性。我觉得这种柔软性非常符合我们所了解的王方戟老师。水老师我们碰到的次数不多；但是我们能看到水老师做设计非常认真、用功，细节处理非常细腻。这是我们能感受到的水老师的性格。如果是这样的话，这两座建筑物和两位老师个人性格所流露出来的物质化呈现应该就是一致的吧。

水　　乡建项目的场地边界条件一般比较模糊，设计时间往往比较急迫。大乐并不完全是按我们最初设计的样子建造起来的，但也有没有完整图纸就开始建造的情况。比如入口、边界这些都是在建造过程中重新确定下来的，所以我们派了驻场建筑师始终跟踪项目。这和我们在城市做项目的方式不大一样。这种工作方式对于现场来说可以保持很好的调节作用，也因此在设计最开始只把握基本的拓扑或功能关系，项目就能顺利推进。也不能说我们很爱细节，作为建筑深化的一部分，细节是必须要交接的。大乐土建是一个第一次做建筑的修路施工队做的。建筑中的细节是为了更好地整合各个层面的东西。那么坂本老师，相较

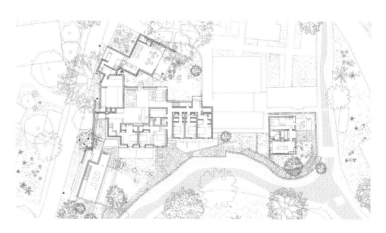

以场地上原有的占地投影为基础安排建筑
大乐之野庾村民宿首层平面，直造建筑事务所，2017

小镇中的大乐之野

城市里在建造的各方面条件都比较正规的项目，这种在农村中的建筑要是不更加重视细节的话，会不会影响其呈现效果呢？

坂本　我本来是想说这方面的事情，正好你也问到了。大乐跟七园居设计最不一样的地方是，建筑中所有的细节处理方式都与周围环境中的做法不太一样，都非常的都市化，这让我觉得有些奇怪。在乡村，应该更多地考虑当地的记忆，并把它作为细节的原型用到建筑当中去。我昨天看到大乐时，感觉它应该建造在城市里，而不是在眼下的环境里。在这方面，大乐和七园居的差异非常大——七园居中保留下来的结构架构以及相应的处理是对当地技艺的一种呈现。因此，要是在城市里做建筑的话，保持你现在的这种处理方式完全没有问题，但是在乡村，建筑的细部也好，设计过程也好，能够用一些当地环境中既有的、已经成熟的东西，并在这些东西的基础上稍加改进的话，也许会是一种对于这个场地更好的表达。

王　篠原老师与坂本老师的文章给我的一个启发是，认识到"紧张感"对于建筑来说是非常重要的。按我的理解，"紧张"是由建筑中一对一对因素之间的关系引起的。建筑之中的因素各有各的内在要求，结构有结构的意图，空间有空间的意图……仅仅满足一个方面的要求，或者简单地让一个要素过于强烈，是很难让内在关系非常复杂的建筑成立的。所谓"紧张感"是让各个因素之间产生相互的推力，功能与空间、功能与结构、结构与流线等之间都形成相互的制约，这样才能让建筑站立起来。比如在七园居的设计中，老结构和新结构就不是相互完全独立，而是具有咬合在一起的紧张关系。不知道我理解的这个紧张感与坂本老师认为的紧张感是不是同一个意思？

坂本　紧张感是很容易产生误解的一个词。这个词，以前我经常用，但现在我不大用了。很多人认为我讲的紧张感是不对的，我也进行过反省。日语中的紧张感翻译成中文或英文之后，其意思可能又会改变。紧张感不一定是一个褒义词。比如对于很多人来说，紧张感是被束缚以后体会到的那么一种感受，这时候紧张感就不是一个褒义词。因此，我现在用这个词的时候都非常小心。反省以后，我认为应该找一个更好的词来表达我以前想说的这层意思。

我以前一直想说的紧张感是指在空间当中有很多的选择，但最后做了某个选择是因为我只能选这个。这个选择不是我凭感觉选出来的，选它有各种各样的理由。让我在众多选择中只能选这一个的那种感受，我称之为"紧张感"。比如在某个设计中，我有很多处理尺度的方式及可能性，但很多理由告诉我只能选择"这样一个尺度"——这就是我想说的紧张感。那时我努力地想让它有更多的选择，却只能选"这一个"的一种感受，而且它并不是完全由现实条件所决定的。比如说一个坡屋顶可设计得陡峭一点，也可以设计得缓和一点，在那么多角度的可能性中我选择最后一个结果的原因，不仅仅是通过现实条件推理出来的。这便是我认为的有紧张感的一种设计方式。

这也可以用来解释我刚才讲的"便宜主义"。坡屋顶怎么坡都可以，但我希望有那么一种看上去似乎仅仅是为了方便、为了简单好做就能得到的对坡度的选择——这种便宜性的前提让我对坡度的选择非常自由。这种自由感是我的一个梦想，但这还不是紧张感。有了这种自由感之后，我希望在这个构成中进一步加入一种诗学（poetic）的感受，让诗学的感受使构成产生新的意义——这样才产生了紧张感。这种紧张感使整个构成产生意义。紧张感是激活意义的前提，如果没有紧张感，单纯的便宜主义是没有意义的。

我的梦想是，如果仅仅通过一种便宜的方法就能产生意义，而不必须有紧张感。如果可以这样的话，那是最理想的。篠原一男老师让设计产生意义的方式就是利用紧张感，而我的理想是，即便没有紧张感也能产生意义（笑）。我在某个时代受到他的影响，也曾试图用紧张感去激活意义。

奥山 坂本老师应该没有讲过紧张感这个词，他说的应该是"紧张关系"。篠原一男的确讲过紧张感。篠原一男的紧张感是一种"feeling"，是一种身体能感受到的感情，所以它不是基于物理状态的，是纯粹基于体验。坂本老师的"紧张关系"必须要有两个对象，不是一个对象，这和篠原一男不一样。比如他无论在说平面布置（planning）、形态或者细节的时候，都必须有一种它们与整体关系的关联作为语境。这样就是一种紧张关系。

比如说建筑是由文化、历史所形成的。无论在平面布置、形态还是细部上都有着已经被文化限定的原型。这些原型是在长久的历史文化中发展并被建筑继承下来的，它们变成了建筑性格的组成部分。我们在设计的时候应该怎样去面对这些既有的原型呢？这就要通过对现实的发掘，让"我设计的建筑"与既有原型形成新的关系。这是刚才坂本老师想讲的内容。

经过长期的文化积淀，既有原型，或者说既有类型的意义已经固化。面对这个固化的东西我们会觉得理所当然，这是因为它的意义已经沉淀，也更容易被人接受。坂本老师所说的紧张关系是我们要通过对原型的解构，让它避免落入既有的被沉淀的范围中，要让它具有新的意义。这个新的意义不是说要从零开始，而是跳出原来的类型，产生出不被类型所限定的意义。从这一点开始才能产生出新的内容。篠原一男是不管这些类型的，他对既有的文化沉淀没兴趣。他都是从零开始，试图创造出一种到目前为止没有看到过的新的形式与新的意义。坂本对篠原的批判是，无视原来的类型去创造一种新的形式，这本身就是一个类型。这么做还是落入一个类型的套路。坂本不想用这种所谓的"要创造一种新类型"的方式，而是要在既有类型之间找到新的可能性，让原有类型以新的意义的方式呈现。比如说这个类型有一种意义，那一个类型有另外一种意义，将两个类型放在一起会形成一种关系，这样可以创造一种新的可能性——

这是他刚才讲紧张关系的一个原型。这是用关系来制造新的形式，或者激活新的意义的方法。

可以这么讲，篠原和坂本都是从原型出发。前者无视原型，后者利用原型来创造新的意义。他们的共同点是希望不落入固有类型的限制中，但他们所使用的方法是完全不同的。

坂本　奥山讲的话充满善意，对此我非常感谢。不过，他是在讽刺还是夸赞，我也不知道（笑）。

郭　奥山老师以前给坂本老师当了十年的助手。坂本老师那时候有"双助手"——奥山老师和塚本老师。坂本老师的 seminar 就是让奥山先讲讲，讲完了说："塚本，你再讲讲。"当他们俩都讲完时，他就说可以结束了。双助手的意见可能是完全不一样的，然后就交给学生自己去判断孰是孰非。

奥山　篠原一男的紧张感其实还是比较简单的。篠原一男的东西有人讲他对，有人讲他不对，两个阵营是非常清晰的。这是因为他的东西很清楚，每个人都能知道自己该如何去判断。多木浩二对他建筑的评价就是"高潮型"（climax）的建筑，因为篠原一男进行设计的目标非常明确。多木浩二说坂本老师的建筑是"反高潮"的，因为他的设计讲究的是建立一种新的关系，并没有一个目标。坂本的想法是，建筑的关系不应该非常明确，这样随着时代的变化，建筑才能有一种适应和调整的能力。因此，他的建筑追求的是一种相对化的关系，这种"相对"随着每一次的调整都可以进行灵活的变动，而不像篠原一男的建筑那样是一个固化的关系。从这个角度来说，坂本一直希望建筑能随着时代而成长。

把"家型"纳入到设计方法论中
代田的町家南立面，坂本一成，1976

比如说 20 世纪 70 年代，坂本老师提出了"家型"的说法。那个时代根本没有人关注"家型"这个事情，而他就以关系的方式积极地把"家型"纳入设计方法论中。随着时代的推移，"家型"突然变成了一种时髦的形态。这时候，坂本反而放弃了对"家型"的研究，因为它已经超出了意义的范畴，变成了一种装饰和修辞。在这样的时代背景下，它的意义已经缺失了。从这个角度来说，坂本所谓的"关系"是对应于时代的，并具有生长性。他希望建筑能与当下的修辞保持距离，这种距离是获得自我意义的重要保护。

坂本　篠原一男最早的确是用紧张感来整合建筑的。在这方面，我早期的确受到了篠原一男老师的影响，那时候我也认为没有紧张感，建筑是没法成形的，紧张感是整合建筑空间的重要因素。也许受到批判主义思想的影响，我总是希望能够超越自己的老师，希望能用另外一种方式，作出跟篠原一男做的紧张感有所不同的东西。就像奥山老师刚才说的，从某一个时期开始，我觉得可以利用关系来做设计。也就是说，可以用一种相对化的处理方式来使建筑获得某种新的意义。这是整合建筑的另一个途径。直到现在，我还是以这种方式来设计建筑。

奥山　七园居与大乐呈现出两种非常不同的设计方式，让我觉得非常有意思。来之前，我们以为这两座建筑离得很近，业主要求及场地特征也差不多；来了以后才发现这两座建筑不仅离得很远，在各方面条件上差别也很大。

作为一个外国人，通过对这两座建筑的参观，我得以迅速把握当下中国乡间民宿的社会特征。从这个角度来说，这次来参观是很有价值的。大乐之野内

左、中、右依次为七园居通往 4 号客房、5 号和 6 号客房，以及 7 号客房的楼梯

部有对外（房客之外）服务的咖啡馆和餐厅，并以一个小镇上公共设施的状态呈现；建筑中同时还有仅供房客使用的客房、大堂和 spa 等设施。建筑与城市空间之间有一种清晰的等级关系。坂本老师说大乐用的是一种"柔和的方式"来组织空间，我认为大乐组织空间时用的是一种"natural sequence"的方式。建筑的空间之间是有等级的；但是，设计以一种非常顺畅及柔和的方式对这个等级进行了处理，而不是用图示化的强硬方式将等级明确化。其结果是，空间之间虽然有等级，但没有任何让人感觉奇怪或不舒服的地方。对于房客或使用公共设施的人来说，哪个地方该进去，哪个地方不该进去，他们都非常清楚，也会自觉地去顺应这个关系。整个关系处理得非常舒服、自然。

坂本　从类型上来看，酒店是一个等级化的设施，客人付了钱才可以用里面的设施。建筑从外到内是一个过渡的过程，其等级关系必然是非常明确的。这个过程怎样把它做好呢？就像刚才奥山老师说的，大乐以一种非常柔和的、没有让人感觉到不舒服的方式对此进行了处理。能用及不能用的地方，客人都清楚地知道；不能用的地方，客人自觉地就不会去用。这是现代化的表现，也是一个商业化酒店该有的模式。这个模式通过乡间精品酒店的方式呈现出来。然而，七园居的模式跟这个模式很不同。七园居是一个全新的，在普通酒店类型里没有过的模式。关于这一点，要么还是请奥山老师先说吧。

奥山　嗯，就像前面说的，对于业主来说，七园居不是一座纯为开发目的而建造的建筑。除了可以接受外来住宿预订外，业主也想拿它来接待自己的朋友，甚至自己居住。从这个角度来说，这座建筑不是一个纯粹的酒店，从类型上看，它也更接近于一个"家"。山本理显在他的住宅论中讲过，家的真正意义在于群体的聚合。他的理论是非常极端的，他也用这种极端的方式做过一些设计。七园居里有些部分很像山本理显住宅论中讲到的那种序列，但处理的方式却是非常柔和的。

通过可开启的大高窗加强室内空间与外部树木之间的联系　大乐之野庾村民宿大堂，直造建筑事务所，2017

比如说这座建筑中如果没有大堂，那就成了一座村子里的宅子。大堂维系着一种让它与普通农宅不一样的性格。这座建筑有某种家的性格，但又不是一个真正的家，我们可以用一种"新的家"的类型来理解它。从这个角度来看，这座建筑并没有一个可以在当代社会明确对应的、具象的社会性类型。它既像家那样是一个私有财产，又具有某种抽象的社会意义。这让我们看到了某种现代的新的中国居住模式，或者说旅馆的模式——它带有一种私人会所的性质，又具有对外服务的功能。这种介于二者之间的性格，是我觉得它最有意思的地方。

昨天刚刚进到这座建筑的时候，我就联想到了五六年前到王方戟家做客时的那种感觉。王老师家一开门不是大厅，而是一个大厨房。这是一个不太常规的住宅布局；但正是因为把厨房拉到了家的前端，家其他部分的房间安排就都变得非常的自由，除了夫人打扫厨房稍微累一点之外。我比较欣赏这种布局的设想——只要一个很小的动作就让家的空间产生了新的意义。七园居虽然在功能上与王老师的家不同，但在这里我觉察出了同样的味道。

我们一般将刚才坂本老师讲的功能等级及功能关系组织的事情叫"建筑计划论"，也就是资料集上以功能为线索对不同建筑类型使用方式的解释，相当于气泡图。坂本老师希望把这种依据一个单纯理由来设定的单纯的空间组合关系消解掉，因为建筑的意义非常丰富，它具有的社会性用单一功能的方式是无法完全解释的。建筑由物理空间构成，它不可能摆脱对物理空间进行排布这样一种操作方式；但建筑应该超越这个物理空间上的意义。这就是坂本老师想讲的东西。这种可以超越物理空间的东西是他的思考中首先被强调的。

好多年前，我作为坂本老师的助手协助做 House F 设计的时候，坂本老师的指导给了我很深的印象。他说，很多人都说密斯·凡德罗曾经说过"上帝存在于细部之中"，无论此话的意义如何，你都要用这种精神去做这个项目；但是，项目中体现的这种精神不要让人一眼看得出来。你要花很多功夫，但绝对不能让人看出你花了这么多功夫。

那是 20 世纪 80 年代末的事情。当时，日本有一些细部表现主义的建筑，代表人物如山本理显和高松伸。篠原一男老师曾经讲过，要精心地做设计，但到最后要将细部消解掉。然而，坂本老师又让我不要将细节全部消解掉，却不能让人觉得它存在，而实际上它还是存在的。那时我才 20 岁，对于这些话真是觉得非常困惑。要让它存在，又要让人不太注意它，这个设计的"度"实在是非常难以把握。这件事情让我深刻地意识到"对细节进行表现或不表现的意义究竟在哪里"这个问题的重要性。当时一边做一边思考的便是这个问题。

仅仅讲细节，与之相关的就有工程的、文化的、历史的和乡土的知识。如果你只关注其中一个或几个知识的话，就可能会忽视另外一些知识。你对其中某个部分钻研得越深，对其他部分的忽略也会越多。单就一个细部问题，它就涉及了非常综合的面，那整座建筑必然是一个更加综合的东西吧。因此，用坂本老师的话来说，做建筑设计就是要"适可而止"。如果在设计的每个方面你都能适可而止，把握好相关的度的话，你就能在大的关系中获得形态生成的某种依据。当然，适可而止的度是很难把握的。你在某个方面钻研得过深，就会形成僵在这个方面的手法主义思想。一旦你钻进某个东西里，它就会变成一个类型，而一旦变成类型，这个东西的意义就被固化并沉淀下去——这时，其他东西就没有了。如果你希望不被类型所限制的话，就一定要回到大的关系上，回到整体关系的层面去看问题的本质。昨天参观了大乐之后，我对于建筑中的细节非常感兴趣，其中有些细节比我设计的要好。我做了 30 多年的设计，建

挡土台、楼梯、棚架及围墙细节
House F，坂本一成，1988

筑中的有些细节我还想不到；不过，昨天我也意识到，这个设计在细节设计方面是刚刚守住了分寸的界限，稍微再往前迈一步就会变成一种手法主义的状态。我想，还是不要往前走那一步为好。

水 大乐周围现在已经有了很多民宿，大家做民宿的时候都会做一些怀旧或乡愁的东西。我们觉得要反其道而行之。因为怀旧已经成了一种风格，我们想消解这种风格化的过于乡土的东西，所以在这个项目中没有选择跟当地工艺进行结合。我们做的细节是想与乡土风格形成反差。另外，在这个项目刚开始做的时候，施工上没有总包。于是，我们想利用这个机会来测试一下利用中国小型营造工厂产品承包的方式提高建造精度的可能性。我们另外一个建在岛上的民宿项目就尝试了跟当地木匠一起使用传统做法的方式。

奥山 从图片上看，你们岛上的民宿有点像日本的建筑。高度略微再往下降一点就很像京都的建筑。

水 因为它刚好濒临太湖，需要类似的坡顶来产生呼应。我们想用大乐来测试一些可定制产品的小厂。他们很多都没有很好的产品，但通过这个项目，我们帮他们研发了一些产品，还把产品的造价降低了。岛上项目的运输不太方便，我们就只能用当地的做法。所以两个项目面对的营造商体系是不一样的。

奥山 水老师的这种对不同建造方式的驾驭能力我完全相信。这些东西如果没有的话，建筑是不成立的。我们在做设计的时候也会去考虑很多细部，这些东西对建筑来说是非常重要的。

水 嗯，比如说大乐之野的窗就有很多这方面的考虑。按照我们的做法，做窗的价格比做铝合金的更便宜，但效果却更好。我们希望通过对窗的设计改变人们对景观的认知，让人们知道如果想在建筑里做采景窗的话，是可以这么来做的。不过在设计结束后，我们公司进行了内部的总结，也感觉到设计得过于精致和精确的话是可能让人感到拘谨的，起码可能会让人显得不够放松。

奥山 没有一定精确性的话，建筑是不成立的。我在美国看过路易斯·康的很多建筑，发现他的建筑造价都挺低，因而施工的完成度实际上很差；但是，他花了很大的精力保证了在这种施工条件下的精确性，也保证了这个建筑给人一种似乎精致的感觉。这是他意识到的精确性的意义。

水 那是一种视觉上的精确性吗？

奥山 精确性不是一个只有单一意思的词，它是一个相对的用语，它和当地的文脉、建设条件、施工条件、建筑物类型以及其他很多的东西都有关。建筑师需要考虑的是，在这么一个大的范围里精确度究竟应该是多少才合适。这也是一个关系。因此可以说，精确性是一个"多义词"，它没有绝对的意义，比如说一所茅屋的精确性和其他建筑的精确性可能就会不一样。不同类型的建筑在精确性上有很大的差异。

水　　我发现坂本老师和奥山老师对于词语都要展开一个二度的阐释。

奥山　　对建筑来说，不可能存在单一意义的东西。即使你在设计中将平面或立面处理得很抽象，并赋予它们单纯抽象的意义，你还是没法让它变成一个单一意义的东西，比如刚才坂本老师说的坡屋顶。如果把它设计得很陡，它就成了一个在几何上非常强的东西；如果把它设计得过缓，它又失去了作为坡屋顶的意义。因此在设计中，它只能处在一个中间的位置。这么看，即便是一个非常抽象的图形，也不是用一个单一的意义就能够解释的。对于建筑，我们可以试图尽量用单一的、更加精确的方式去描述它，但实际上还是不太可能的。

久野　　其实，老师们讲的话也是我们这一代日本建筑师在做设计当中会遇到的问题。今天有机会听到两位老师讲这样一个问题，是一次很好的学习机会。最近，日本年轻建筑师中有一个倾向，很多人为了让自己的建筑能够更好地迎合社会，会用一种非常抽象的方式来做设计。他们让建筑显得似乎什么都没有，并希望用这种方式让建筑融合在社会环境中。如果这样做设计的话，建筑是否还能成为"建筑"，这是一个很大的问号。建筑是在它与现实之间的相对化之中才得以成立的，如果这种相对的距离都没有了的话，建筑很难在意义上再成为"建筑"吧。建筑师如果没有理解建筑和社会之间的这么一种关系的话，他做出来的东西应该很难称得上是"建筑"，这种危险性在当代社会是存在的。不管王老师与水老师做的东西从对比的角度看怎么样，在我看来可以感觉得到清晰的建筑原型。从这个角度来说，两个设计都是非常有意思的。

王　　那么，坂本老师是否可以从建筑学的角度进一步解释一下什么是"即物性"，什么是"便宜主义"吗？

坂本　　这可以从材料说起。每种材料都有一种自身的状态，比如我们说这种材料高级、那种材料便宜之类，这些定义都不是材料本身具备的，而是由社会赋予的。再比如我们说这种材料作为结构用途时，它的耐久性好、强度高，这种描述也是材料被赋予的意义——材料本身并不是为结构的牢固度而存在的。这样"被赋予"的意义在生活中非常多，但材料就是材料而已。它只是因为被用在一个特定的部位、出现在特定的场合，才被赋予了这些附加的意义。在做设计的时候，我们要把材料的这种意义消解掉，让它回到它本身的状态，这种设计的思考被称为"即物性"。

七园居底层原有圆木柱旁用以加固的方木柱

比如七园居底层在原有的圆木柱旁用来加固用的方木柱本身具有结构的意义；但是，通过特定的形态处理，它的这层意义被消解掉了。这时，人对它的认识就仅仅是材料的本身而不会在意它的结构意义了——这就是即物性。再比如，由于老结构的木柱子落在房间中间，二楼客房中的床不得不与柱和梁产生对位关系，让床上的空间显得好似被柱和梁围合起来一样——这种床的空间被结构构件所限定的意义就不是即物性，因为这里的意义与材料本身没有关系。当意义与物质没有关系的时候，我们便不能说是即物性了。

从某种角度来说，即物性是"适材适所"，即将适合的材料放在合适的地方。然而，仅仅以适材适所的态度，以一种效率为先的功利主义方式去做设计的话，又将消解建筑应有的社会意义。而且，一个建筑完全以"适材适所"的方式进行局部设计的话，它必然会缺乏整体上的统合性，这样必然无法使之成为一个

以小镇上的公共设施状态呈现的大乐之野庾村民宿餐厅　直造建筑事务所，2017

建筑。如果建筑的意义消失了的话，设计就会变得涣散。当我们以"适材适所"的方式进行思考的时候，要同时让建筑意义呈现出来，因为建筑的意义对于建筑来说有非常重要的整合价值。即物性只代表事物的某一个方面，而不能作为整体性的思考。什么时候要将它变得即物，什么时候又要将即物转换成某些新的意义，其间的转换是非常重要的。

水　　一位叫格诺·伯梅（Gernot Böhme）的当代哲学家写过一篇叫 Material Splendor（《材料的壮丽》）的文章，其中提到两点：第一点，他研究了希腊时期喝汤的勺子，并想了解那时的勺子应该是金的好还是木的好。实际上可能是木的好，因为它不会太烫，也适合喝汤的状态，所以说这不是材料本身意义的问题，这是坂本老师刚才说的适度、适宜的问题。第二点说的是"Sensations of affective attendant to things"，也就是材料对于感知的关照。这里有两个方面的事情：一个是材料给我们的通感，另外一个是关于社会性的事情。比如现在经常会谈到的材料的"酷"，这是一个最近才出现的新的对氛围的描述。我想，是否可以把坂本老师讲的事情和这样的解读对照起来？这样可以让我们更快地理解；不然，我有时候比较难以进入这个语境。

坂本　　我认为水老师讲的这个例子与我讲的内容没有什么差别，而且即物性本身就不是一个纯东方的词语。它的语境来自西方，而西方人对于物的理解与东方人也没有太大的差别。我前面提到的便宜主义也不是只有在东方的语境下才能产生的。即物性和便宜主义这两个词在我看来都是具有普适性的词。如果你一定要说东西方之间有差别的话，那有些人会觉得东方人的出发点更加暧昧、模糊和不清晰，西方人则更加清晰和理性。然而，在我看来，这只是看问题的不同角度。你说西方人理性，那他真的就理性？你说东方人暧昧，他就不理性了吗？所谓"理性"或"不理性"只是二者对于物的看待方式不同罢了。所谓的"理性"，可能是不理性的一种方式；所谓的"不理性"，可能也是一种理性的方式，只不过是把握的度不同而已——东方人给的冗余度可能更大一点，西方人给的更小一些；但它们的指向都是一致的，相互之间没有太大的区别。

水　但我觉得这个是在哲学层面发生的变化，只是还没有涉及建筑学领域。20世纪初的时候，以德国为主的哲学家讲到了主体、客体的事情，现在哲学家群体慢慢转到了法国。说到即物还要提一个事情：前两天，有位法国教授和我聊的时候说道，18世纪或者更早，大家对于建造的物质性的投入达到了一个高峰。然而现在，我们可能慢慢地对于建造的材料性要求越来越低，就像伊东说的，现在更加informal、更瞬时，建筑可以像易拉罐一样。想问下坂本先生怎么看待这个转变。现在以虚拟方式进行呈现的东西越来越多，我们这一代已经能感受到这种情况。在中国，这种情况特别明显。如果拿建筑师和室内设计师这两个职业来对比的话，室内设计师的收费远远高于建筑师，那是因为他是直接和居住及使用的人挂钩。建筑师造一座建筑，物质性投入非常大，但很难得到相应的认同，而这在中国特有的土地政策下表现得也是非常明显。

坂本　在日本，室内设计师与建筑师不在同一个领域里。室内设计师与建筑是完全没有关系的，他们不属于建筑圈范围的人。在日本，室内设计师多是一些商业集团的附属设计师，与商业公司是捆绑在一起的，他们没有办法进入建筑师的领域里来。在中国，可能因为土建与室内是分开的，所以有室内设计这个行业。在日本，这个行业不是非常重要，也不太被人重视。对于建筑师来说，室内当然是要建筑师来考虑的，而且我们从来也没有要把室内和室外分开的想法。一座建筑的内外应该是一个完整的东西。你提的这个问题，因为我们之间的语境不同，所以我很难回答。奥山老师觉得呢？

奥山　建筑师比室内设计师收费低也很正常。因为建筑师设计费用中的很大一部分都要分给结构、设备以及其他的专业事项。室内设计师基本上什么都不用分出去，当然他们的拿到钱就多啦。在日本，室内设计师是属于商业策划部门的，不在正规"设计师"这个行业里面，所以很难计算他们得到的钱应该是多少。因为他们本身属于商业公司运营的一个组成部分，我们不能把他们看成是设计师，这与中国的情况不太一样，所以我觉得将建筑师与室内设计师进行比较不是很合适。另外，也不用担心现在与以前有什么区别，现在与18、19世纪的法国没有任何区别，可以说是一模一样。所谓的信息化也好，技术的发展也好，其实是每个时代的人都在面临的问题，18世纪的人也面临着我们今天同样的问题，更早的人也面临这个问题，而每一代人都在想解决这个问题的办法。一定有解决的办法，这是肯定的。对以前的人来说，后面出现的那些技术也是很新的技术，所以我们要看的是，以前的人是怎样变到后面的状态的。这么看问题的话，对我们来说就是一种参考了。

洛吉耶的原初小屋
Marc-Antoine Laugier, Essai sur l'Architecture,
2nd ed. (Paris, 1755), frontispiece

　　举个例子。对于整个社会来说，我们现在读历史的时候看到的那些所谓推动建筑史发展的一些建筑，能不能真正代表当时的那个社会，是要画很大问号的。那些建筑，就是为了和当时的时代不一样，才产生了与其他建筑的差异，而真正那个时代的社会建筑并不一定是这样的。你会发现，建筑本身是形成社会阶层的重要的通道和基础。比如在18世纪的法国，有一位知名的神父叫洛吉耶（M. A. Laugier）。很多人认为他提出的"原初小屋"是一个重要的理论；但是，他理论的重要性并不在于原初小屋，而在于他提出了一套建筑与社会等级之间联动的关系——这种关系可以让我们重新反思建筑本身是什么。洛吉耶用一种最朴素的、最原始的方式，就能形成所谓的"建筑的基本原型"。这时候，我们所谓建筑的"高级""宏伟"和"永恒"——那种人为定义的以建筑将社会分出等级的意义与动机到底在哪里呢？这是个非常重要的基本问题。虽然洛吉耶与现代主义没有直接的关联，但我们能看出他对于现代主义甚至是对于当代一个扁平化社会的基础性贡献。如果从这样一个结构性的方式来理解的话，就可以理解即物性对于建筑来说意味着什么了。

水　　刚才一直就材料本身在谈。原来我们盖房子是用石头、木头这些自然材料——不能伸缩的材料；之后，慢慢有了钢，有了混凝土；现在有了更多像 GRC 这样可塑性强但又很精确的东西。这实际上就是一种 de-materiality，一种非物质的物质存在。其实，GRC 不是一种自然的材料，所以我想问的是，随着时代的变化，即物性这个事情在物质层面上已经发生了很大的变化，现在还有参数化，做出来的建筑都是曲线的……在这种情况下，我们应该如何思考即物性？

坂本　这个问题和刚才奥山老师说的洛吉耶的话是很关联的。现在可以说什么东西都可能做成建筑；但是，反过来说，你在室外随便挖一个洞住进去，你也可以说这就是建筑吗？我觉得这很难回答和定义。有一种误解，认为只要有一个覆盖就是建筑，只要让材料立起来，人进到材料里，它就是建筑。这样的观点是很可怕的。之所以我们要回到洛吉耶那里，是因为他说的那里面有柱、梁等建筑基本的"dry"的东西——这些是能被称为"建筑原型"的东西。为什么要把这些东西放进去，其实这是建筑非常基本的一个原型，是建筑的起点。之后，所有的发展状况是，在每一个时代，不同的元素有时候会变得很强，有时候又会变得很弱。比如说现代主义时期的建筑思想想要把古典时期建筑的意义全部消解掉，所以才会出现让很"dry"的即物性的说法呈现出来；但是原则上，它仍然是带有某种建筑原型的模型在里面的。反过来，你说起 18 世纪开始出现的钢及其他一些材料，这些材料在我看来还是如刚才所说的需要"适材适所"。比如有一个新的材料，我就可以做一个以前做不到的更大的跨度。然而本质上，无论跨度大小，只要有建筑原型在里面，对于材料来说，本身存在在那里就可以了。要注意的是，建筑长年累月积累下来的文化性是使它能成为建筑的一个基本要素。现在，以参数方式，通过计算机模拟，靠打印建造出来的覆盖，你说它是一个建筑，我很难认可。我们还要回到原来，重新思考建筑到底是什么。这样，我们才能知道计算机技术对于建筑来说意味着什么。这是一个非常重要的前提。

奥山　对于早期的人们来说，建筑中的即物不是一个好东西，特别是对于正统古典建筑师来说，即物其实是一个糟糕的东西。因此，他们要把原来很即物的木构变成具有正统性的装饰样式。中国古建筑是这样，从中国传来的日本的传统建筑也是如此。比如日光东照宫，虽然建筑是用木头和石头建造，但最后还是要涂上很多的彩绘，柱子上还要描上很多的纹饰——这些我称之为"建筑的修辞"，可见即物原来并不是一个褒义词。就像坂本老师刚才说的，这个建筑如果充斥着即物性，那这个建筑就完了。即物性必须在一个水准上去考虑。我们必须有一个目的，即我们为什么要去使用即物性。以上是我理解的坂本老师刚才想讲的意思。

　　修辞，其实是空间构成中的一种表达。特别是房间在被分割的时候，哪些

东照宫阴阳门，局部，17 世纪

是结构的，哪些是修辞，这要进行梳理。在分割的状态下，修辞其实是无所谓的；但当你要把这些事情组合起来的时候，这间房间价钱高、那间房间价钱低的时候，在这个时候，修辞就出现了。坂本老师对于建筑中修辞的使用是非常谨慎的，那会塑造出空间的一种性格。

王　那么在这里，我们说结构的时候是指真的结构，还是指空间的结构？

坂本　是说空间的结构，一种抽象的结构。

王　那就是说，这是一些空间组织的原则，对吗？

坂本　就是这个意思，是空间的关系。

奥山　就像我们说的"论文的结构"，就是这个意思，是意义的结构。"结构"最初是一个抽象的词，那时我们的物理世界里还没有这个词，后来它才慢慢发展到物理世界。

坂本　桌子涂了涂料后还是即物的，因为它里面那层东西还是可以表露出来的。比如说混凝土上涂了银漆，还能称之为"即物性"，因为漆后面的那一层凹凸还是可以看到的，而且你也知道它原来是什么颜色。这是一种默认。并不一定是什么都不动才是即物性，而是在默认的前提下，你可以认出物体本来状态的时候都可以称之为"即物性"。如果这个柱子被涂上颜色，让我感觉到"温暖"或者"冰冷"，就不是即物了，因为它已经有一种刻意的用途在里面了。

王　因为已经超越材料本身的内容了？

奥山　对，即物性不仅仅是指物，还指建筑文化本来的状态。另外，这是梁、这是柱子、这是楼板，这也是即物性本身的一部分。（即物性）可以是指材料的、建筑类型的以及空间性格的等方面的内容。即物性有不同层面上的理解。因为建筑中

混凝土上的银色涂料　水无濑町家，坂本一成，1970

的即物性在不同的层面上有很多，你要用一种严密的语义去定义它还是非常困难的。还是要和其他东西区分开来理解是否即物。如果搞混，就很难正确地理解它了。语义、语境都很重要。因为已经定义了，所以要搞清楚。今天算是解释得比较清楚了吧。

王　是的，那我理解啦，感谢坂本老师、奥山老师今天的教导和评论，也谢谢其他各位老师的参与。

水　谢谢坂本老师、奥山老师！谢谢大家！ （2021）

主要对谈嘉宾简介：

坂本一成：东京工业大学名誉教授
　　　　　Atelier And I 坂本一成研究室主持建筑师
奥山信一：东京工业大学教授
久野靖广：Atelier And I 坂本一成研究室合伙人
郭屹民：东南大学建筑与城市规划学院副教授
　　　　结构建筑学研究中心主任
水雁飞：直造建筑事务所主持建筑师
　　　　美国雪城大学建筑学院客座教授
　　　　英国 RIBA 皇家建筑师协会特许注册建筑师

悠游堂

浙江嘉兴 · 2009/2017

Meandering Hall · Jiaxing, Zhejiang

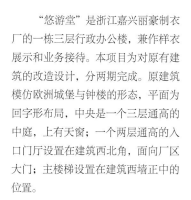

改造前建筑外观与室内

　　"悠游堂"是浙江嘉兴丽豪制衣厂的一栋三层行政办公楼，兼作样衣展示和业务接待。本项目为对原有建筑的改造设计，分两期完成。原建筑模仿欧洲城堡与钟楼的形态，平面为回字形布局，中央是一个三层通高的中庭，上有天窗；一个两层通高的入口门厅设置在建筑西北角，面向厂区大门；主楼梯设置在建筑西墙正中的位置。

　　在第一期改造中（2008年始），通过对建筑室内外环境的分析，在大的布局上，设计着力调整悠游堂与厂区内部场地以及其他建筑间的关系；调整悠游堂内部动线，建立动线与中庭的关联。建筑主入口被改位到西墙原主楼梯处，与厂房共同面对厂区内的广场，从姿态上拉近了行政管理用房与厂房间的心理距离。为与三层通高的中庭形成反差，利用原楼梯间窗洞改造的主入口门洞宽0.96m，高2.4m。一条净高2.4m的长雨篷接续门洞从门厅深处直抵室外——长而低

狭的水平向入口空间成为衬托垂直向宽敞中庭的有效"伏笔"。

　　迎接入口人流动线的是中庭里新设置的一部直跑楼梯，它不仅以最简单、便捷的线路联结各个楼层，而且还肩负着使人充分感受空间垂直向度的使命。

　　由于中庭的地面与墙面都铺砌浙江园林中常用的上虞高湖石，因而中庭又被大家戏称为"高湖厅"。此外，

改造前的各层平面图 1/750

改造后的各层平面图 1/750

高湖石还延展到室外入口台阶与室内直跑楼梯的踏面上，形成建筑材料在空间中从外到内、由下至上的连续感。

主楼梯的重置与随之产生的新的交通流线使原建筑各层平面与剖面关系得以重新梳理，梳理后的各层布局特征鲜明。来自中庭顶部天窗的阳光被刻意设置的一面实墙漫反射到下部空间，使充溢在中庭及周边廊道的光线更加柔和、均匀、生动。

2017年，我们接到第二期改造委托，主要内容是将建筑底层环绕高湖厅的U字形空间改为样衣间，其内需设置洽谈、接待、展示三大功能。鉴于原建筑两层通高的主入口门厅的位置和景观特色，设计将其改建成接待区，剩余部分则设置为展示区+洽谈区。从拓扑关系上看，展示区+洽谈区是一个条状空间，净高4m，宽6~8m，中心线长36m。对样衣展示功能来说，4m是一个具有充足高度资源的空间向度；但是，一个两难的状况是，如果不施吊顶的话，以原样暴露出来的结构梁会给人一种简陋感，而如果在结构梁下满铺吊顶的话又会浪费空间的高度资源。再三权衡后，设计选择了"包裹"主梁并将包裹的底标高控制在净高2.4m的处理方式。可以说，这么做相当于在室内设置了一系列的"吊墙"——保留了原有空间高度资源的同时，在空间中创造出一种疏离感与亲密感并行的韵律；营造新的空间体验的同时，异化了建筑结构的形态。这些在人的视线中具有很大"暴露面"的吊墙上被饰以壁画，成为营造体验和空间氛围的"道具"，而其被包裹出的空腔则成为实实在在的功用之处——隐藏着偌大空间所必需的空调管线和进出风口，整合了所有必备的设备空间。

洽谈区位于样衣展示区内。样衣

展示是一个内向的功能，使用者关注的焦点是室内陈列的衣服和布料；洽谈区是主客商议和讨论的空间，需要舒适、放松的良好景观环境相辅佐。悠游堂的北侧有一个花园，每值春末，园中的几树樱花盛开，是周边邻里都知晓的美景。从室内观赏的角度考虑，洽谈区最好能设置在北墙的中部，以正对窗外的樱花树。然而，从功能的角度考虑，北墙中部位置离样衣间主入口太近，无法照应整个展示区，商讨时取、送样衣很不方便。于是，设计先从功能出发，将洽谈区设置在建筑的东北角（可以兼顾两个方向的展示区）；然后，设计了一个装置性的窗——在原有窗户外增设的凸窗。凸窗朝北与朝西方向设置大玻璃，把花园景观引进室内；凸窗东向的短边被墙面封实，以遮挡花园之外的杂乱景象，在东向墙面的内侧满铺镜面——镜面随凸窗探伸进花园，将樱花树照映其中。在这里，真实的花园景色与盛开的樱花映像并置在一起，让整个洽谈区宛若身处景色之中，因而这里也有了"分景台"的昵称。与功能需求不完全匹配的景观资源通过设计的手段融入建筑，并为内部空间带来应时而变的趣味。

为了进一步打造分景台的亲切氛围，延续展示区吊墙的净高2.4m设置"孔洞式"吊顶，即孔洞处不设吊顶，仅作为光源带和空调出风口——获得小空间合宜尺度的同时，与展示区的空间特色协调一致。

接待区是供客户小憩并享用茶点时使用的。设置在老门厅位置的接待区被大家称为"堂屋"，这里不仅有空间高度资源，还有可人的景色资源：两层通高的空间，透过大玻璃可以饱览花园景色，原建筑的主入口平台自然成为堂屋向花园的空间延伸段。然而，存在的问题是，堂屋的进深与开

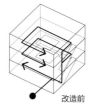
改造前

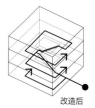
改造后

流线分析图

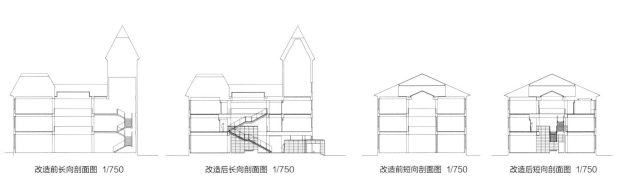

改造前长向剖面图 1/750　　　　改造后长向剖面图 1/750　　　　改造前短向剖面图 1/750　　　　改造后短向剖面图 1/750

间均为 4.3m，相对内部净高 7.5m 的尺度来说，房间显得有些局促，高度资源反而导致了人在心理上的压抑感。为了在利用高度资源的前提下调节房间的氛围，设计在房间的端头设置了一个连续的边桌。桌子的一半在（气密意义的）室内一半在（气密意义的）室外。起气密作用的玻璃与达到视觉效果的桌子被分开设想，让使用者心理的感知得以突破房间的气密边界，感觉到一间似乎有 6.9m 进深的更大的房间，而在这个尺度的房间中，7.5m 便可以算是一个令人感到舒适的高度了——高度资源由此得到了利用。堂屋对着花园的门框是保留原建筑的。在此框料上挑出金属雨篷，净高 2.4m——这是 7.5m 通高空间中一处给予人亲密感的空间，对高狭空间再一次进行心理调节的同时，也将人的视线从室内引导向外部花园。

堂屋与展示区之间由一个"穿堂式"的空间相互连通，这里也是从高湖厅进入样衣间的主入口门厅。当时设计面临的挑战是，如果将这个门厅做得太独立、封闭，会使堂屋与展示区之间缺乏联系；如果将门厅与展示区融为一体，会缺乏门厅应有的领域感。在此次的改造设计中，我们在结构梁允许的高度下将这处门厅处理成一个巨大的圆形"黑洞"：从高湖厅进来的人会由于异样的空间形态与全黑的环境色获得一种鲜明的领域感，同时穿堂式的轴向空间又可以使进入的人明确地感知和选择自己的目的地方向，堂屋与展示区之间也因此获得了既独立又连续的空间关系。（2019）

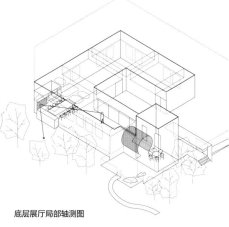

底层展厅局部轴测图

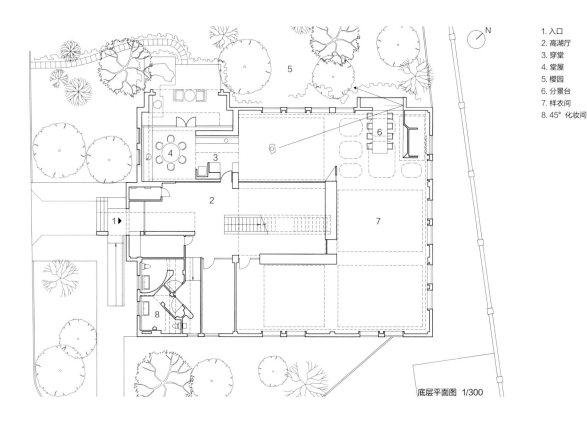

1. 入口
2. 高湖厅
3. 穿堂
4. 堂屋
5. 樱园
6. 分景台
7. 样衣间
8. 45°化妆间

底层平面图 1/300

鹮环

浙江德清 · 2019

Huanhuan Complex · Deqing, Zhejiang

由于独特的生态环境被选为朱鹮的异地保护区，2008 年，5 对珍稀的朱鹮被从陕西引放到位于浙江德清下渚湖湿地公园东部白鹭洲的保护基地进行繁育。随着朱鹮种群数的不断扩大，2017 年，为了便于游客对包括朱鹮在内的湿地大量鸟类的观察，公园方决定在距离白鹭洲西北方向 200m 处，隔着水面与沼泽建造一座观鸟塔。另外，公园中还计划建造一座下渚湖湿地科普馆。通过前期实地调研和设计论证，为了节省用地并使建筑更具特征，在我们的建议下，公园方将观鸟塔与科普馆合并成为一个项目。

从构成的角度看，鹮环是以一块如双跑坡道般的双跑屋面为起点进行设计的——往返折叠的双跑屋面覆盖着科普馆，同时又成为通往观鸟台的交通坡道主体，这是设计中最基本的关系。结构、空间组织与形态的设计都依据这个基本构成来进行组织：支撑双跑屋面的结构柱穿出屋面，在其上支撑起一间距地 9.5m、内置观鸟台的"悬浮小屋"。双跑屋面的顶端与底端各有一个延伸段——顶端延伸段是抵近悬浮小屋的收尾坡道，底端延伸段则是顺接双跑屋面落地的起始坡道。

科普馆内部展陈设计由其他机构独立完成。对于展陈来说，双跑屋面只是不太规整的屋顶，而非设计的起点。为了在这种情况下保持建筑室内外的关联，双跑屋面的水平投影有意岔开一定角度，从而在两块楼板之间塑造出一个倾斜面的三角形天窗。这个倾斜的天窗几何形态明确，科普馆内与坡道上的游人可以借此互望，它在人们的感知中是内外空间共存的明证。

为了对科普馆形成足够的覆盖，双跑屋面需要有一定的宽度；但是，这个宽度完全作为人行走的坡道的话，不但其本身会显得无趣，其夸张的尺度会使观鸟台的悬浮小屋在人的心理感知上显得过小，从而导致整个观鸟塔空间的比例失调。为了解决这个现实问题，我们的设计策略是：在这些对于漫游行为来说显得过于宽阔的坡道上附加一条小径。小径调节了人行走时的尺度感知，它与屋顶组合起来，让上坡过程给人的感觉就像是走在山坡上的小路中。小径时有放宽之处，可作为停留观景之用。由屋面形成的宽大坡道，虽然并非全部被漫游所"利用"，但它会将公园景观中特有的旷野尺度带进建筑，使建筑屋面成为地面景观的延续。在这个设计中，小径宽度按照人行的舒适要求取下限，局部按尺度关系调整后被分为 1.5m 与 2m 两种。从与屋顶形成反差的角度看，这个宽度还显得过大。为了进一步缩减小径的心理尺度，小径路面被分为虚实两部分：在 1.5m 宽小径上，实的部分为 0.9m 宽的花纹钢板，虚的部分为 0.6m 宽的钢格栅板；在 2m 宽小径上，这个尺寸则被调整为 1.2m 宽的花纹钢板与 0.8m 宽的钢格栅板。

双跑屋面是一个同时照应了多个要素要求的空间构成体。以之为设计的起点可以让各个要素在一开始就处于几乎成立的状态，这是本设计的关键点。然而，兼顾了不同要素的构成体对于单个要素而言，与其说是一个设计答案，倒不如说是一个答案的近似值，因为设计中的重要工作就是为了满足各个要素的需求而对这个构成体进行不断的修正。

从外部动线的角度看，对于设计来说重要的双跑屋面不是被人独立体验的。建筑外部存在的是一个连续的爬升行为，因而游客对于建筑的理解是"一个螺旋体""一个盘旋上升的环"，这也是建筑名称"鹮环"的来源。双跑屋面只是这个螺旋体中的一个技术组成部分。

设计的逻辑与体验的逻辑时分时合。在空间体验上，这个螺旋体与其他系统并非毫无交接，如科普馆内就有楼梯与螺旋坡道的中部接通。虽然游客在参观顺序上可有多种选择，但无论如何走，螺旋体上的这个接口都能让内外两个空间汇合起来，而人们从中感受到的不仅是使用上的便利，更有觉察到性质与形象截然不同的两个空间触碰时的意外感——这无疑丰富了人在整个建筑体系中的切身体验。上层的双跑屋面自然天成地成为这处接口的雨篷，这是整个螺旋体上唯一有顶盖的地方。设计有意将这里的空间净高度控制在2.5m，以使这个由景观尺度所辖的大坡上出现一处具有身体感的亲密空间，让建筑脱离纯地景的印象。

庞大螺旋体与观鸟的悬浮小屋之间通过舷梯般的楼梯进行交接。这样的分节处理一则为丰富游人的过程体验，二则可使悬浮小屋在视觉中被独立出来，形成可辨识的形态意象。

在结构关系上，悬浮小屋与双跑屋面下部分结构的柱网是完全吻合的。这种上下对位的关系会使主体结构的处理更加简单。原计划悬浮小屋是一个平面尺寸13.9m×9.0m的长方体，双跑屋面顶端的延伸段在其下穿过；但是，为了给设置在此块楼板上的路径让出上空，悬浮小屋整体沿45°切去一角。在因此失去一根对位柱的情况下，悬浮小屋的部分楼板以两根斜柱与主体结构柱相交的方式来获得支撑。

双跑屋面顶端接续一道收尾坡道。在平面上，坡道与悬浮小屋所处主体结构平面轴网交叉45°，并在剖面上穿插在悬浮小屋与双跑屋面之间。这样，除了末端的局部外，它可以借用主体结构加以支撑。因此，此段坡道虽受到结构几何关系的严格约束，但在形式上却依然能表达出一种自由穿插的感觉。坡道顶端局部靠柱子与拉杆的组合得到支撑。相比之下，双跑屋面底端起始坡道的结构与主体结构没有什么复杂的纠缠，处理起来比较简单。为了湿地施工的速度与便利性，建筑整体采用钢结构，只有起始坡道采用钢筋混凝土结构。虽然两种不同且相互独立的结构体并接在一起，交接缝（变形缝）明显，但由于游人对于"环"的理解超越了对技术层面的关注，通常会忽略此处的结构异样。

科普馆与观鸟塔组合成一体后，观鸟塔与坡道的展示面更大，更具形态上的表现力。为了突出科普馆的形象，设计中利用坡道侧边围栏与独立矮墙，在科普馆入口外围合出一个具有一定规模的入口广场，利用这个具有领域感的"空"，而非实体形态来让科普馆得到彰显。观鸟塔坡道末端出挑在科普馆入口上方，仿佛"天然"的大雨篷，从而在感知上提升了科普

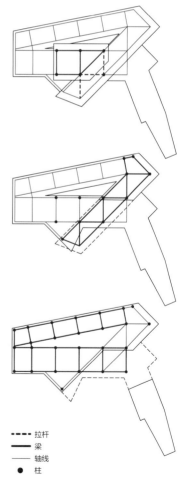

- - - - 拉杆
———— 梁
———— 轴线
● 柱

各层结构关系分析

馆的尺度感。为了突出其作为雨篷的深远效果，这段坡道尽端的支撑柱被去掉，换用斜拉杆的方式制造出一个最远端出挑 8m 的楼板。

合理主义的设计手法希望通过对功能、技术、环境等要素的科学推导得到建筑的结果；而赋形的设计手法则让形式被优先考虑——无论这个"形"指的是立面、剖面、室内效果还是结构体。这些设计手法让当代建筑变得越来越简明，在形态上也更为易懂，但是，在鹮环项目设计中，我们采用了一种更为综合的策略：从一个几乎成立的几何构成体出发，通过一系列为趋近目标值而对建筑进行不断修正的设计方法，在兼顾多个要素前提下，从不同角度、不同尺度对建筑进行的调节，让建筑更加"好用"，也让建筑具有更多的层次。这种设计策略可以让原则性与趣味性共处、不同尺度的诉求共处、结构性、技术性要求与心理感知共处。虽然由这种策略得到的设计结果在形态上未必是简洁明快的，但也许可以算是从"合理主义"与"赋形"两种设计策略中的一种逃离吧。（2019）

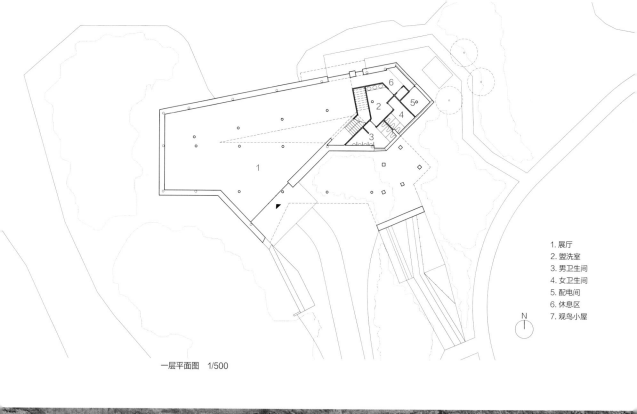

一层平面图　1/500

1. 展厅
2. 盥洗室
3. 男卫生间
4. 女卫生间
5. 配电间
6. 休息区
7. 观鸟小屋

N

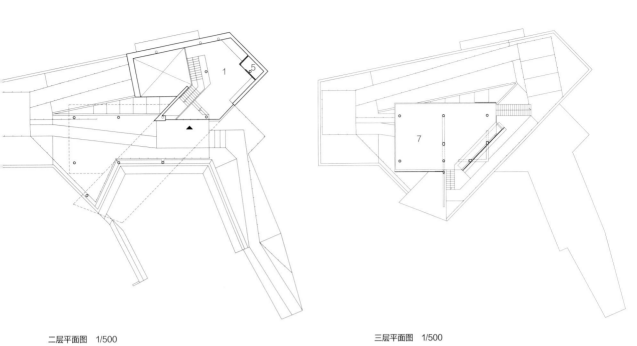

二层平面图　1/500

三层平面图　1/500

安德森纪念藏书室

上海杨浦 · 2019

Anderson Memorial Library · Yangpu, Shanghai

安德森纪念藏书室[1]位于同济大学建筑与城市规划学院 B 楼的学院图书馆内。该房间朝北，两扇北窗外隔着小路与绿篱是校园的北侧围墙；面积 40m²，原为一间会议室；东、西两端为室内隔墙；南面是该房间的入口，整面的玻璃隔断。虽说是要设计开辟成藏书室，但为了提高使用效率，业主要求在藏书与阅览功能之上附加会议室、小型演讲室（要求地面有高差，以适合后排听众听演讲）、馆藏录像视听室与接待室这些功能外，还要设置一个访问学者的工位。在这些非常明确的功能与空间模式要求下，整个房间的排布大致已成定局：房间以会议桌与围绕周边的座椅为中心。为了满足小型演讲的功能要求，房间被分成前后两个部分，后部的地面被抬高 36cm（两级高差），以形成更高一级的听讲平台，并在靠窗的墙角处设置

了访问学者工位。藏书室中心位置即地面高差的中部安置了一个有着特别设计的桌架。

这个特别设计的桌架是一件多功能家具：它既是高低空间之间的分隔，也是书架，并充当被抬高空间一侧的桌子，同时还装配着与会议桌配套使用的一部分座椅。

通常情况下，会议桌旁使用的都是可搬动的活动座椅，以便开会时人可以自由调节身体跟桌子之间的距离。然而，对于这个面积有限又担负多重功能的藏书室来说，如果会议桌边全部使用活动座椅，不但房间的整体感会被削弱，空间也会显得很局促。因此，设计将会议桌的部分配套座椅与中部桌架结合起来，成为固定座椅。随之面临的问题是，怎样处理固定座

房间原状

1. 斯坦福·安德森（Stanford Anderson，1934 - 2016）为美国麻省理工学院教授，1991—2004 年，担任麻省理工学院建筑系主任，教授建筑历史理论与建筑学方面的课程。2013 年，同济大学正式授予斯坦福·安德森"顾问教授"的称号。他不仅给予同济大学建筑与城市规划学院很多工作上的帮助，而且 2015 年，还把个人的 1300 多本学术藏书都捐献给了该学院图书馆。2019 年，同济大学建筑与城市规划学院决定专辟安德森纪念藏书室收藏这批赠书，以供师生阅览。

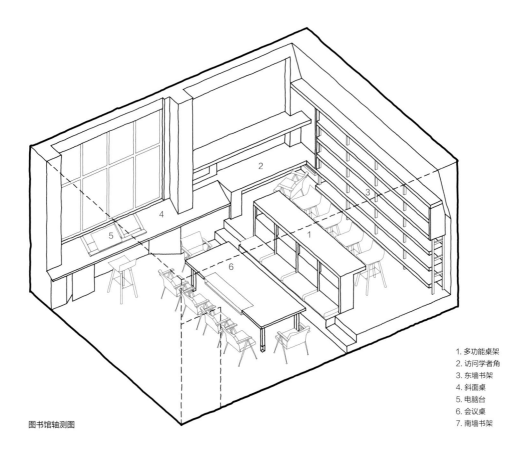

图书馆轴测图

1. 多功能桌架
2. 访问学者角
3. 东墙书架
4. 斜面桌
5. 电脑台
6. 会议桌
7. 南墙书架

椅与会议桌之间的距离：太近，坐在中间的人不方便进出；太远，人无法以舒适的姿态使用会议桌。在藏书室的整个多功能系统中，固定座椅的设置成为项目设计的一个焦点。

权衡多种式样活动家具的利弊后，最终确定使用座面可前后滑动的座椅来解决这个问题。考虑活动构件通常是公共家具易损的薄弱环节，设计选用了最简单、日常的构造节点——重磅抽屉滑轨来实现座面滑动的设想。使用者根据自身的需求，轻微加力，座面就可以前后自由滑动。一方面，简单易行的操作可以避免家具使用上的不必要损耗，另一方面，选用抽屉滑轨这样成熟的产品可以保证构造的可靠性与有效性。

在藏书室的既定布局中将空间细分，原来完整的房间虽然由于中间设置的高差而显局促，但高差也给内部空间带来了特别的体验。原房间的窗台高度110cm，较高的窗台加上分档较密的钢窗，窗外风景与室内始终有一种隔离感。地面垫高无疑对拉近人与风景的距离有所助力，而为了放大观景效应，设计用最少分档的大玻璃固定扇新窗替换了藏书室后部原有的一面钢窗，并借此将访问学者工位的物品搁架、角部小开启扇窗框以及窗边桌的结构框都整合成一体。

新窗的窗档不再是普通意义上的窗框，而是一个复合的结构框，它无法用通用的铝窗框来制作，而是用方钢与角钢在现场制作而成。与窗户中间的横档结合在一起的是搁架板的骨架，其上覆板，边缘用方木收边。搁板厚9cm，下沿距抬高后的地面

147cm，它让看向外部景观的视线被挤压和编辑，同时也在桌面处形成了亲人尺度的小空间。新窗的开启扇宽57cm，高73cm，内表面为木质实面，外表面为不锈钢实面，配以最常见的老式木窗的铰链、插销与窗钩。开启扇延展桌面木材质的同时，也成为房间中一个有个性的通风口。

藏书室前部的地面较后部的垫高地面产生相对"低"的感觉。为了减少前、后两扇窗户在感觉上的差异，前部窗下设置了一个斜面桌。斜面桌建立了两扇大窗之间的联系，并调节了高窗台给人带来的心理压力。

由于木材复合板成本低、性能与供货更加稳定，因而在现代家具与室内装修工程上的使用越来越多。木材复合板家具与老式木家具在构造上的

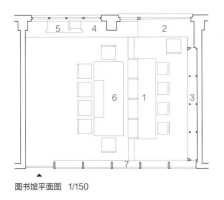

图书馆平面图　1/150

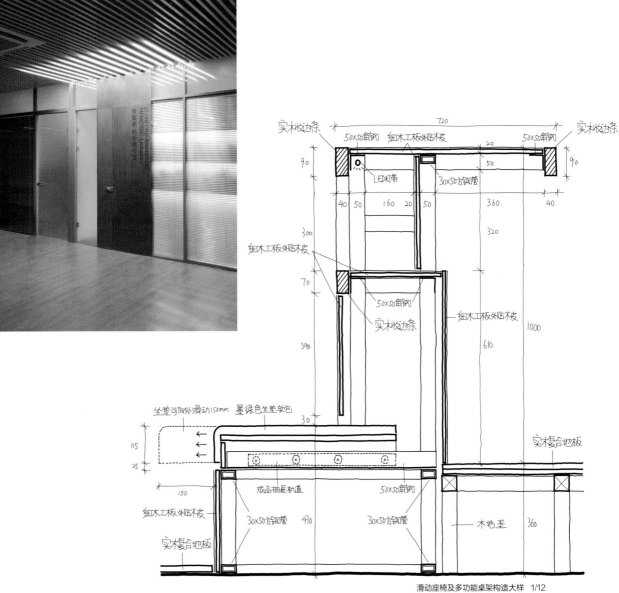

滑动座椅及多功能桌架构造大样　1/12

一个主要差别是收边，即前者一般需要用贴面收边，后者则可以直接暴露断面。这个构造上的不同传递出的是时代的差异。

除中部多功能桌架外，安德森纪念藏书室的东墙以及用于与图书馆主体空间相分隔的南部玻璃隔断上都设置了书架。对于功能性非常强的书架来说，造型上没有很大的表现余地，而构造上的含义却可以挖掘——设计希望采用实木与木材复合板的不同使用方式和节点呈现，打开时空的想象，让人在现代的气息中忆起安德森在学术界活跃并全力给予学院帮助的那个年代。

为此，书架被设计成一个混合构造：基本支撑是由方钢与角钢组成的钢架，面板是贴有木饰面的细木工板，细木工板与角钢的侧面由横截面9cm高、7cm宽的实木条收边。实木条与木饰面都选用仿佛经历过岁月磨砺的深色。从书架的正面，首先看到的是深色的横向实木条，白色竖向方钢退后并被弱化。当书摆满书架时，白色方钢消隐在书脊中。藏书室内所有的固定家具与地面台阶转角都采用同样的收边与颜色处理，以获得相似的视觉感受。

另外，在维持玻璃隔断原状的前提下，为了不出现累赘的结构，新书架采用宽5cm、深15cm的方钢做主体结构，从而与宽5cm的现状隔断框料整合成一体。

虽然对于那些习惯有形式"期待"的匆匆到访者来说，会忽视不用形态而用构造做法进行表达的建构，但对于那些有心的日常使用者，当他们静坐在这间藏书室时，应该会对所有引发人舒适体验的相关细节设计产生共鸣吧。（2020）

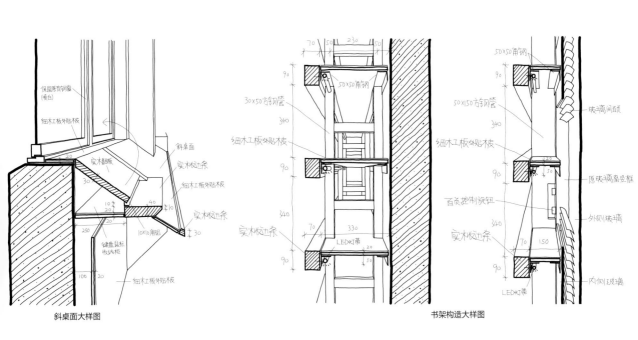

斜桌面大样图

书架构造大样图

田畈里 浙江德清 · 2020
Dibeli · Deqing, Zhejiang

　　1965 年竣工的对河口水库收揽了发源于天目山的溪流，在水库的西北方向有一个杨湾村。一股同样发源于天目山、被当地人称作"合溪"的溪流经历狭窄山谷的挤压后，在杨湾村舒展开来，造就了下游谷地中狭长的农田带。杨湾村背靠岩山、东面高阳山山坳、南望屋脊山和平顶山山廓。20 世纪 80 年代建成的山间公路递筏线翻山越岭，将天目山脉两侧的德清与安吉连接起来，同时也将散布在山谷中的小山村串联在一起，而杨湾村就是其中之一。

　　"田畈里"是这个山村中一家由村舍拆建而成的小旅舍。虽然坐落在山村，有 6 间客房的田畈里却是名副其实地"地处田中央"，场地空旷、平坦。

　　在旷地中央起楼对于建筑设计来说，与其造一座孤立的建筑，倒不如创造出远近风景在人眼前逐渐展开的一处处场所：逐渐抬升的院内场地、附着在场地上的花间小径、嵌于建筑体量四周的坡道、连接小径与坡道的小桥、贯穿建筑内部的坡道和楼梯、蜿蜒顶棚下的廊道、供人举目远眺的屋顶观景平台……所有一切相互连接，形成一整套围绕着建筑的"景观环线"系统。在这个系统中，随着人所处位置与高度的变化，眼中的风景从院中的小景到邻家的瓦屋面、从院外的田园风光到丛林下流淌着的溪水、从山村的寻常巷陌到谷地四周的重峦叠嶂……

　　景观环线和旅舍的功能有什么关系呢？要了解这一点，先要了解建筑

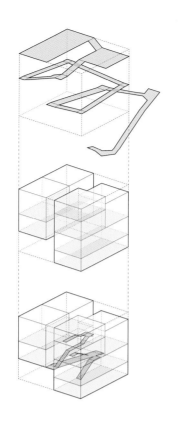

空间构成示意图

的内部逻辑。按照当地的建筑规定，这座在原有民宅基地上新建的旅舍占地不能超过 150m²，限高 12m。为了有效利用层高资源，建筑被分成东、西两个体块，体块中的楼板以错层方式布置，以形成不同层高、不同功能的空间——这是建筑的内部逻辑。东体块的底层层高 3.9m，作为旅舍中最高敞的空间，被安置接待、餐厅与娱乐等公共性最强的功能；二层和三层共设置了 4 套客房。西体块底层层高 2.5m，作为厨房和后勤用房；二层为带有儿童活动区的多功能室；三层设置了 2 套客房；顶层是一间茶室。东、西两个体块之间是一个 2m 宽的空腔。在客房常规层高的对比之下，空腔在实际体验中显得格外高大，给人一种开放与公共的感觉，它的尺度成了内部空间关系的重要参照。同时，空腔容纳着楼层间的垂直交通，俨然一个

被放大的楼梯间。

在建筑上下、内外盘桓的景观环线让人在移动中欣赏风景的同时，不可避免会对客房的外墙形成一定程度的干扰和遮挡，设计采用错层的布局让客房与环线坡道之间形成了一种随机的接触关系。为了达到既接纳景观环线又要获得合宜采光与采景条件的目的，每间客房都采用了不同的设计，下面以 1 号与 3 号客房为例说明。

1 号客房位于东体块二楼，环线坡道绕经房间外墙面的南部偏上。对应到室内，坡道下空间的最低点净高 1.55m、最高点净高 1.95m。坡道下的低空间处放置浴缸，外墙面设窗。当客人在这里泡澡时，不但可以欣赏到远处的风景，也会因具有强烈包裹感的空间尺度产生一种亲密感。坡道

120

下的高空间处设置L形的转角阳台，而转角窗的设置既保证了房间的私密性，也让室内由此获得了更丰富的外部景色。

3号客房位于西体块的二楼南向，而当由西转南的建筑外墙环线坡道绕至南面时，已接近房间内的楼层标高。一个内阳台顺势作为坡道与房间之间的联系"桥梁"，使3号客房拥有了从空腔楼梯和从环线坡道两条进入路径，与环线坡道的直接接通由此成为这间客房的主要特征。房间内，以跃层的方式将需要私密性的休息空间设置在坡道顶上，平接坡道的下层空间则作为起居活动之用。

如上，田畈里的每间客房都根据自身与景观环线坡道的对应关系采取了"见招拆招"的设计处理，摆脱视线遮挡，协调彼此关系，并在争取功

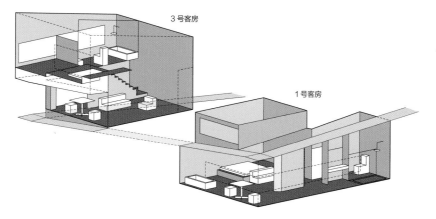

坡道与客房空间关系

能合理化的过程中获得内部空间和景观视线的特性。

盘桓建筑外墙的景观环线还以2m宽的大坡道形式从空腔穿过。建筑内部的垂直交通因这个大坡道的存在而被分为上、中、下三个部分：下部始于西体块公共空间中的主楼梯，止于其与空腔坡道的交会点；中部为与景观环线坡道合体的空腔坡道；上部为接续空腔坡道的入户楼梯。入户楼梯在上升的过程中，除偶尔与环线坡道相交汇（为客房提供另一个别样的进入路径）外，最终再次与环线坡道合二为一。坡道与楼梯的并行设置增加了人上下楼时的随性选择，而二者诸多的组合关系也丰富了人在其中的空间体验。楼梯因坡道而不再乏味，坡道因楼梯而更加便捷，二者各显其能，在使用与体验上相互补益。

公共空间直接与外部场地建立关联，客房叠置在公共空间之上，以在获得私密性的同时争取尽量多的景观资源。这种在旅舍（宾馆）建筑中通

用的空间格局有其合理性，但对于本项目来说，也有其局限性：由于地处低位，主要公共区域内的人很难欣赏到周边更远处的风景。这座在旷野之中建立的建筑将突破此局限性，转化成对一种特殊空间结构的强烈欲望。景观环线坡道作为底层公共空间的延伸，正是对这种欲望的物化。景观环线坡道如何与底层公共空间相关联、与非公共功能合理共处，而非仅为体验而存在的冗余物，这成为设计的重要命题。

完成设计命题主要采用了两个策略。第一个策略：楼梯不仅作为功能性空间，通过对其局部放宽以及视线通达度的经营，在体验上将一层、二层的公共空间连在一起。环线坡道通过与楼梯在建筑空腔内的重合，与所有公共空间贯通一体，而与环线坡道一气呵成的顶层茶室和屋顶平台就此也与下部公共空间产生关联——环线坡道将所有公共空间串联成一个大的有机系统。在增强系统整体性的同时，环线坡道自身也被吸纳并融合进去。

第二个策略：建立每间客房与环线坡道间的关系，并按照具体情况逐一进行调整和设计，通过技术性的空间组织将环线坡道与客房间的"偶然"关系转化成客房自身的空间性格。随着客房与环线坡道关系的不断变化，环线坡道空间具有了更多的细节，从而使坡道在功能层面深度地融入整体建筑中。

在建筑现场的实际体验中，环线坡道尤其让人感觉到的是田畈里建立起的与周围场地的连续性。沿着环线坡道盘桓而上，山谷周围连绵的山峰不间断地展现在人们眼前……建筑成为人感受广博自然的媒介。这份对环境与环境之中建筑的整体认知，比仅仅欣赏建筑的外在形象或仅对内部空间与细节设计的赞赏更具吸引力。相比实现了一处合理的居所，或许这种体验更能给人留下长久、深刻的印象。这大概就是有"欲望"的设计带给这座建筑的最大回馈吧。（2021）

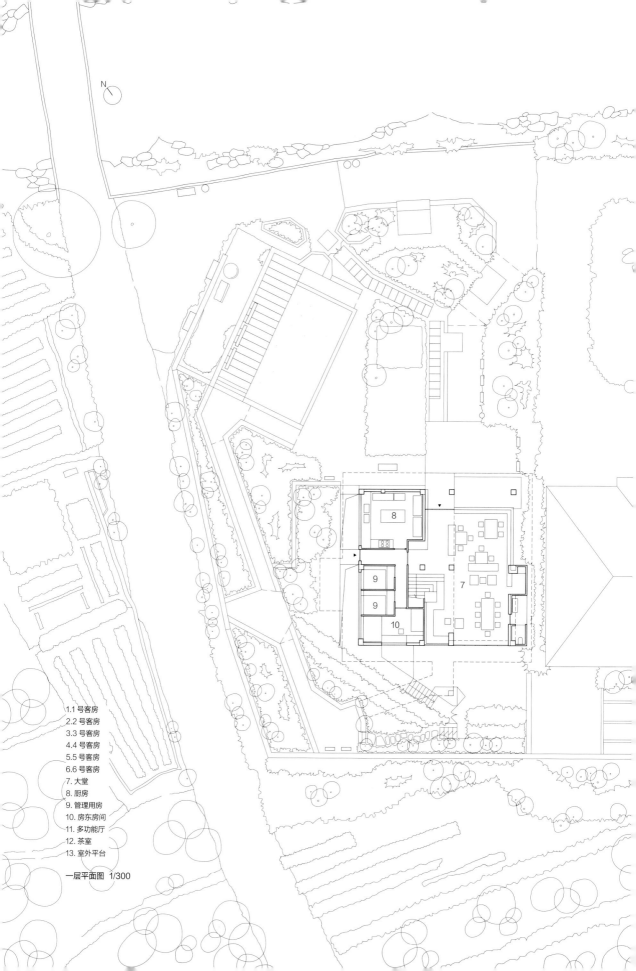

N

8

9

9

7

10

1.1 号客房
2.2 号客房
3.3 号客房
4.4 号客房
5.5 号客房
6.6 号客房
7. 大堂
8. 厨房
9. 管理用房
10. 房东房间
11. 多功能厅
12. 茶室
13. 室外平台

一层平面图 1/300

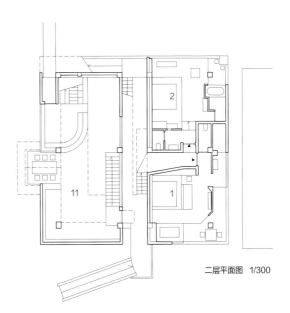

二层平面图　1/300

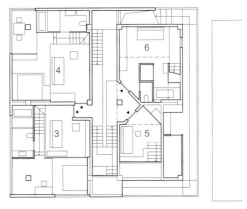

三层平面图　1/300

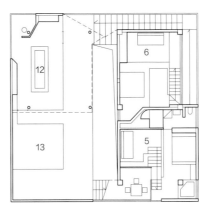

四层平面图　1/300

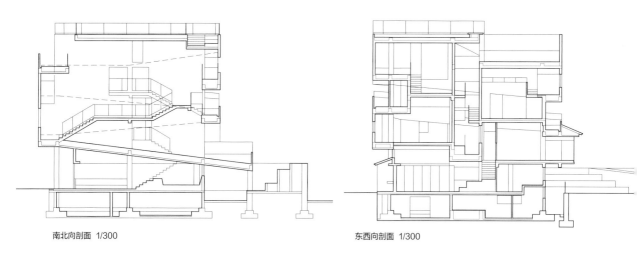

南北向剖面 1/300

东西向剖面 1/300

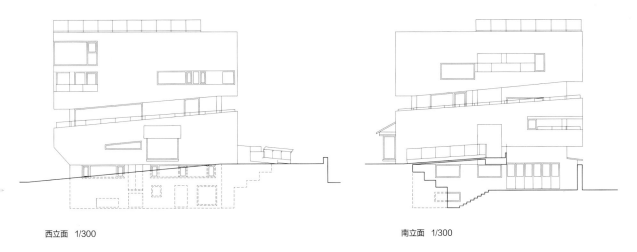

西立面　1/300　　　　　　　　　　　　　　　　　　南立面　1/300

对谈

工作方式与设计密度
CONVERSATION: The Way of Working and the Density of Design

2020年8月10日,在参观了田畈里和七园居之后,张斌、庄慎、华霞虹、李翔宁、王方戟、董晓等在七园居就博风建筑的设计进行了讨论,以下是对话内容。

庄 这次我们参观了博风的建筑,也大概了解了你们做设计时的工作方法。我觉得你们的项目,尤其是近期的几个项目中包含的设计密度很高。我是指项目在实现的过程中随机应变地吸纳了很多东西,建筑最后呈现出的很多东西并不是设计伊始就想好的,或者说一开始就有一个剧本,而是在设计的过程中慢慢发生并逐渐固定下来的。我觉得一两个人搞定这样的事情会很费劲,所以想了解一下你们在项目推进过程中是如何工作的?

董 庄老师谈的这个问题涉及三个方面的内容:一是这次参观的项目我们都设计深入建筑、室内、景观的各个方面,具体的建造发生后必然会出现很多具体情况,因而我们必须针对新的情况对设计进行很多调整。二是在工作中,我们确实会让不同的人参与进来,以便让设计容纳不同人的不同想法。三是每个项目在推进过程中随时都会出现设计条件的变更和新要求的加入,很多时候,前面做的一些设计决定就会显得很难应对新状况下的全局。在这种情况下,要是可能的话,我们会尽量争取对设计进行全盘调整。

庄 这个工作方法挺特别的。在大多数设计团队中,会由主导建筑师把自己的想法交代给团队,然后由团队其他人来具体落实。这样,在处理具体问题的时候,团队中有些人的能动性就可能不是很强,体现在成果上就是对于项目多是粗线条的控制,很难将这样的设计密度贯彻到设计中。博风的设计能容纳很多细致的东西,比如人在空间中的细微体验、内部与景观及周边环境之间的具体关系等,这些东西都非常具体而丰富地组合在一起,而不是让建筑仅仅被一个大概念所笼罩,所以让人感觉有很大的灵活性。设计在这些方面体现出的敏感度应该也是与你们的工作方法有关的。

张 我觉得这可以说是一种"民主"的设计方法。那么,请问王老师在工作中会自己画图吗?

王 偶尔也会画的。项目开始的时候,大多数情况下是团队一起做方案,我会进行评论,就像在学校里评图那样。这样不但可以集思广益,避免一些个人先入为主的想法,也可以让我能更中立、全面地看待设计初期出现的不同设计概念,从鹦环方案阶段的设计过程就可以看到这样的工作方式。我们不是很在意方案

134

张斌　　　　　　　　华霞虹　　　　　　　　庄慎　　　　　　　　李翔宁

的概念是谁提出来的，因为一个设计除了概念之外还要有很多其他层面的东西加入，概念只是大关系中的一部分。在项目推进的过程中，我会不断通过直观感受来评判方案，看方案的基本想法是否还存在、是否依然具有特征性，某些效果是否需要强化，是否还存在一些可以被调整的自动生成的东西……具体落实想法的时候，是将图纸与电脑模型比对着看，并对图纸或模型进行粗线条的修改。这时，模型总是会被破坏，破坏后被用来作为下一轮建模的起点，因此那个模型往往以"temp"来命名。这个模型不那么准确、美观，但是它跟直观感受相通，是方案后续发展的重要媒介。

华　博风建筑早期作品里有一些类似弧形的形态意象较强的建筑，王老师在桂香小筑的设计理念中还提到过参考了童年体验的空间意象[1]。我感觉这些项目中使用的都是空间意象首先被提出，其他要素在后续逐渐跟上的一种设计方法。那么，在近期如七园居、田畈里这类项目中，你们使用还是同样的设计方法吗？

王　在大顺屋、带带屋及桂香小筑这些前期的设计中，一般都是我把大的关系及小的细节都想得很清楚后才交给团队的同事去发展深化。很多重要数据或信息都掌握在我一个人这里，感觉很紧张。我们的设计方法是在近期发生改变的。我逐渐发现自己不再需要去凑近每个细节，而是可以用控制总体关系的方式和团队一起讨论细节的深化，即前面所说的以"temp"模型去介入设计的方法。这种模型的精度是很低的，它给后续设计工作带来的更是一种大关系的调整，并给进行后续深化的同事们留出了很大的需要填补的空白。

张　你们推进过程中有反复吗？

王　设计过程一般有很多反复。其中除了自己推敲中进行的反复外，也有因为项目条件改变等原因而进行的反复。后一种反复虽然是不得已，但借此机会整理思路，推倒重来，可以让我们更直接、清晰地梳理出概念与结果之间的关系。

1, 参考: 城市笔记人 . 一个厕所，一段故事，一次对谈 . 建筑师 . 2013(4).

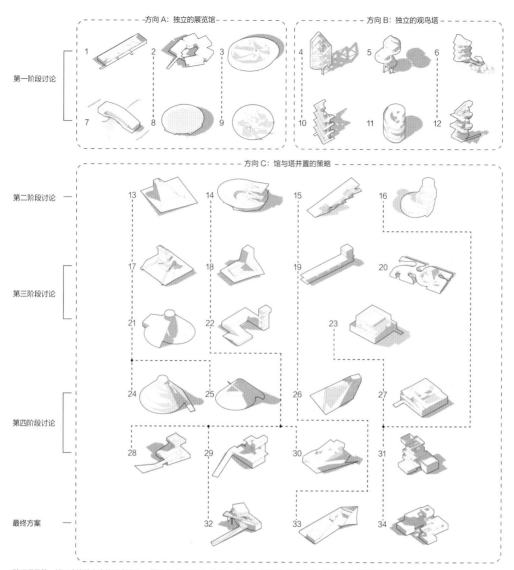

第一阶段讨论

方向 A: 独立的展览馆

1 2 3
7 8 9

方向 B: 独立的观鸟塔

4 5 6
10 11 12

第二阶段讨论

方向 C: 馆与塔并置的策略

13 14 15 16

第三阶段讨论

17 18 19 20
21 22 23

第四阶段讨论

24 25 26 27
28 29 30 31

最终方案

32 33 34

鹳环项目第一轮三个比较方案的形成过程　　图片来源：杨剑飞，张婷.“鹳环”设计的概念与过程.时代建筑.2020(6)

张　乐于接受推倒重来的工作模式，消耗还是很大的。

王　确实如此。项目从提出概念到设计成形的过程有时候不得不按惯性推进。因此，一些前期的重要决定不是非常成熟也是很有可能的，而这种状况在后期即使耗费很大气力也很难弥补。所以，要是能尽早借机会复盘，下狠心进行全面的调整，虽然消耗很大，相较耗费很大气力对设计进行注定无望的修补，也许也还是划算的吧。

张　那你们有项目到了施工图阶段还反复吗？

王　有的。比如洞天寮就做了三轮方案、两轮施工图。第一轮施工图完成后，由于造价等原因不得不两次更换基地，所以每次方案都是应对新场地关系重新做的。

张　那么，每轮方案大的关系有没有变过？

王　每轮的大关系改变了很多；不过，三轮方案中有一个基本点没有改变，那就是利用坡顶做一个一边能看到天、一边视线被坡顶压下来形成有反差的内部空间感知。为了得到足够的覆盖，坡顶被放大了，这时就有一个内部如何设置结构的问题。前面两轮方案，这个问题始终没有解决；做到最后一轮，虽然外部形态变成了最简单的四坡顶，但是内部藏了一个平顶，让概念表达得更加完善，而结构在感知上显得异样的问题也因为平顶的出现得以解决。

张　我感觉洞天寮的场地关系有点像日本冈山后乐园的流店。这个混合的结构体系对你们来说意味着什么？

王　主要有三方面的考虑：第一，混合之后，大家熟悉的结构形式消失了，对于非

洞天寮项目三轮方案比较

137

冈山后乐园流店

专业的人来说，结构的意象就模糊了。从短剖方向看建筑，虽然有三跨，但很容易被误认为只有一个大跨，这样可以强化人在一个大的坡顶覆盖之下的感觉。第二，下部用钢筋混凝土更容易与地面交接。木结构的细节感强，可以自然形成有趣的顶棚形态。第三，木结构坡顶空间有高低起伏，具有空间趣味。钢筋混凝土的平顶可以沿水平方向延展，平面布局上非常自由。把两个结构混合起来同时也意味着把两种空间特征混合起来。

庄 我感觉在博风的设计中，空间非常丰富，其中有一些很戏剧性的角落，还有空间大小尺度的关联，光看图很难搞清楚这些内容。你们一般是怎么给业主介绍自己方案的？

张 我觉得他们应该是不讲这些内容的。

王 是的，介绍的时候一般不会讲到这些内容。主要是因为业主都是非专业的，这些内容讲了也很难传递。因此，介绍方案的时候只能讲设计的策略，一些大关系等。

李 我感觉王老师在设计中有一种打破原有建筑框架，从远离寻常思路的角度出发进行的设计的愿望。那时，我们曾一起去欧洲看建筑，我看到的一般是建筑的大的景象，建筑的整体概念和逻辑，而王老师关注的是比较具体的细微的点，在设计上，他也往往会从小的点出发。比如桂香小筑的核心概念是一个可以把光引进来的条窗，光线透过条窗照在内部的墙上。我以前常常怀疑这么做是不是不够过瘾，这种从细部出发的方式会不会很难成为撑起一座建筑的概念。这次现场参观了田畈里和七园居后，我觉得这类细部的丰富度是足以撑起整座建筑的，也许设计小建筑与设计大建筑对细部的考量及设计的深度要求是不一样的。这次看建筑的过程有点像看了两个展。从建筑策展的角度，一个展览进门时需要给人以震撼；整体上要给人留下总体的印象；每个展厅或展位又要有足够的细节可以让人"咀嚼"。这次看的建筑类似一个叙事型的展览，依次参观的几套客房都各有特征；看完退远后又可以感觉到整座建筑有一个大的概念。

观看的体验和概念在两个不同的层面上同时进行。有的小建筑，只有一个层次的震撼就结束了，缺乏可以进一步咀嚼的深度，这应该是不够的，建筑的体验还是需要很多不同的层面，需要有足够的丰富度。王老师作品中丰富生动的细节为我们诠释了"上帝存在于细节之中"的说法。我的一个需要求证的问题是：我们参观了田畈里及七园居所有的客房，每间都各不相同；但一般住客只能看到自己住的那一间房间。那么，他们是否还能感受到建筑的丰富性呢？他们对这两座建筑的感知和我们这次的会很不同吧？从建筑师的角度和一个住客的角度来看，这两座建筑会有怎样的不同体验？

庄　我以前和王老师一起带同济实验班三年级设计课的时候，看到他指导的学生设计中有人做混合尺度的东西。比如一层高楼板的下面加一个半层高的廊子，或者在下面塞一个小屋子。这些半层高的、中尺度的东西经常在入口或者过渡的地方出现，让人感觉到了冲突和张力，但又不是那么在表现自己。今天在博风的设计里，我感受到的冲突则是蛮有戏剧性的，也觉得很好玩的。比如田畈里的大坡道、小空间与家具尺度间的融合，不知道用"小戏剧冲突"来形容这种感觉是不是恰当，我觉得处理得挺轻松的。

　　另外，田畈里还给我一种意外感。从外部看，这是一座比较寻常的建筑，预判内部可能是粗犷、通用的空间；跑进去一看，各种尺度的空间就像俄罗斯套娃一样嵌套在一起——这种感觉一下子与从外部对它的预判形成了反差。这就让我联想到作者的性格和言语方式。这种从个人的小体验入手，最终又把所有细节整合成一个很整体的东西，让人从外观难以预料里面会发生什么的设计，让人感觉挺有意思的。

　　你们是不是对设计能带来的趣味性这件事情比较在意？比如七园居从外面看是一个简单的大坡顶，到了里面，却发现有各种大小、明暗变化的小趣味空间。

王　是的，比较在意的；但是视项目性质而定，不同项目在这方面的要求不同。比如这次大家看的都是民宿类建筑，人们来这里不仅仅是睡一个觉，可能还需要在建筑周边以及建筑内部到处走动、探查。客房有点像半个住宅，停留在里面的时候，人也想放松地东躺西卧，或者东看看、西摸摸。这类建筑对于体验趣

建筑中的混合尺度让人感觉到冲突和张力　同济大学建筑系三年级设计作业透视图，吴依秋，2014 年，设计指导：王方戟

味性的要求就很高。另外一些建筑，比如洞天寮这样的，作为公园里的茶室，人们更关注的可能是自己所处的场所跟整个公园环境之间的关系，而不是一个局部的空间，所以设计的时候关注的是类似大覆盖、明暗反差、尺度变化这些更大的关系，而不是具体空间中的小趣味。

庄　我感觉这里所说的趣味既不是通常意义上随便迎合人的、具有表演性的那种趣味，也不是很严肃的学院式，像坂本一成建筑中表现的那种趣味。

张　说到坂本一成，我倒是觉得王老师还是受到了坂本很大的影响。在国内，对坂本言论比较感兴趣的建筑师中，他设计中体现出的思路与坂本的应该是比较接近的。我觉得坂本代表了某种建筑的民主性。作为创作者，建筑师的位置应该放在哪里？是站在作品的前面，想要语不惊人死不休呢，还是完全消失在作品之后呢？或者是处于一种什么样的中间状态？他想通过设计讨论的是这个问题。或者说，他讨论的是建筑师对于自己设计的操控最后应当在什么维度中得以恰当地存在的问题。坂本的建筑思考是思辨性的，对此我还是很认同的。他的建筑看上去似乎不是很随和，他装作没有武器，刻意没有姿态，实际上他想要让他做的事情有根本性的改变，但他做设计的方式则更接近传统建筑师。

　　在中国的语境中，以这样的方式进行思考的建筑师不多。很多中国建筑师，包括一些80后建筑师的设计对策还是围绕大叙事、家国情怀、历史等话题展开，但在我看来，这些是传统建筑师的思考方式。博风的设计，特别是从七园居开始从以前的框框中跳了出来，我最初看到七园居照片的时候就觉得挺喜欢的。当然，原来的老建筑为设计帮了很大的忙，也为设计提供了很多线索。设计最后在新旧关系上达到了某种平衡感。对我来说，最关键的是设计给了我一种"没有火气"的感觉。拿日本的园子来比较的话，这跟诗仙堂的气质比较接近，就是比较放松、不拘谨的那种感觉。实际上，建筑师容易有火气，并始终处于挣扎的状态，这是比较常见的。我猜王老师设计的时候是把自己放在建筑中的各

从诗仙堂的诗仙之间看向庭园

140

个地方，然后寻找在那里可以随遇而安的那种感觉——这种设计状态在我们周围的建筑里还是挺独特的。相较周围同时代的建筑师而言，这可以说是比较前卫的思想。这似乎是触碰到了某种民主气息，做出来的是有"民主感"的空间。空间基本上都不是强制性的，不是一种形态上的诉求，但也不是没有形态。我觉得这是建筑师找到了某种自己想要的状态。这应该与你们有机会参与了乡建类项目有关，这类建筑讨论的是乡野环境与城市生活相关联的事情，建筑师可以借此探讨一些独特的话题。

刚刚李老师问，田畈里或七园居如果只住了一间客房，是不是能理解到全体。我觉得大致还是能体会到的。作为一个同行，我看了以后，大概能知道几个基本招数是什么，感觉到各间客房之间还是有一些一致的线索，这些线索使各间客房之间产生了关系；但由于具体位置的差别，每间房间又不太一样，其中的各种细节是需要慢慢体会才能发现的。设计成果中包含的这种丰富度可能还是因为特殊的工作方式带来的。大多数团队的工作方式都是聚焦型的，而博风的工作方式是比较发散的。

我想问的是，你们对于当下中国建筑设计实践的理解。我觉得这类实践很多是在城市环境，在千奇百怪、光怪陆离的中国城市环境当中进行的。假如你们在城市中做设计，当理解到形态诉求意义不大时，你们会如何做设计？这次，我们参观的你们的建筑都是在乡野中，乡野中没有城市中的矛盾那么复杂，建筑尺度也相对更小，并更接近于自然。那你觉得乡野中的实践与城市中的实践有差别吗？

王　建筑师在当下的实践中首先需要理解的是，每个项目的要点在于基本命题，也就是我们要做的这个设计究竟要解决一个什么问题。比如对于民宿项目，首先需要回答的是，建筑如何响应来自城市环境中的人对在乡野中居宿的预期。设计中的各个要素需要围绕这个基本命题展开。命题在先，其他各种具体的条件在后，并非任何设计条件都是可以作为前提条件予以首先聚焦的。因此，环境条件也非项目的第一条件，加上乡建本身还需要回答很多当代的问题，比如乡村邻里关系、基础设施组织、建造手段限制等。从这些方面来说，我认为对于当代建筑实践，乡野中和城市中的设计之间没有实质性的差别。如果建筑师首先以感性、直观的方法把握项目的基本命题，然后以此为核心组织设计的各个环节，而不是急于把自己掌握的建筑学手段使出来的话，那么，无论在城市还是在乡野，应该都可以避免在仅有的形态手段已经失效的情况下，依然坚持形态优先的那种建筑设计方法了吧。

庄　博风有一种很有意思的做设计的方法，和我们阿米（阿科米星建筑设计事务所）以及张老师致正（致正建筑工作室）的方式都不太一样。我们做设计时一般会有一个很强的概念，这个概念要打倒一切；为了保持概念的有效及完整，有些细的地方可能就不会去追。博风工作的那个很有意思的地方是，他们注重人的体验，并从体验性的角度开始设计的操作。更重要的是，他们擅长处理连接和转折。空间和空间之间、段落和段落之间的连接和转折都是从体验角度入手进行设计，而不是从一个固定的视角，以静态透视的方式来推进。这种设计方法不一定是从上到下的，而是可以从不同的头绪开始——这使建筑具有了很强的丰富度。我觉得这种把握连接部位的设计方法不仅对乡村项目，对城市项目来说应该也是特别有用的。

华   我觉得王老师的设计状态跟他的个性和他当老师的背景相关。王老师在教学中是非常包容的。记得介绍教学的时候他说，最早做老师的时候试图用自己的想法去说服学生，尝试下来发现这个方法不是很有效，于是改变了思路，采用首先尊重学生的想法，在此基础上加以引导的方法。他因此需要面对各种各样的想法，并采用具有针对性的具体引导方式。同时，他能从各种各样的建筑样本里面看到他想要看到的有意思的东西。我感觉王老师在剖析案例时总是能找到很有趣的点，其中既有细腻的关于细节的思考，也有很系统的关于建筑类型和空间模式的思考。这些应该都对设计实践有很大影响。

    这两个民宿是我第一次深入地体验博风的建筑。建筑里的很多做法似乎并不特别，但是大多数建筑师可能会觉得这么做很费劲，或者担心没有先例会不会不合理，因而不会这样去做。今天，我们看到的很多设计作品通常是在有了概念以后靠单元重复之类的手法做出来的，这样的设计看图基本就可以预判到实际的结果。博风的这两个作品图纸还是有点复杂的，我看着觉得头晕。这可能和它们是民宿建筑这个特定类型有关，也可能和王老师的个性和设计态度有关。包容的态度可以接受各种各样状态的存在，所以可以不断尝试；或者明明一切都排稳了，还觉得哪里不合适，就要去捣乱一下；再或者参考一个什么案例，把它做进设计里去——这是我感觉最强的地方。也许，这就是刚才张老师说的"民主"吧。

张   关于图的事情，我觉得博风的图展现了传统建筑师的一面。技术图纸表达得挺清楚的，从中可以看出大概的几何、形式及结构是怎么把控的，平面上也有一套基本的逻辑关系。这跟王老师在国内接受专业教育一路过来的背景有关。可是，看完图再看现场后，我感觉图只让人理解了设计的一半，因而图纸可以算是现场体验的一个前奏。现场和图的反差还是挺大的，很多现场呈现出来的东西，在图上并不能被读出来。很多设计读图大概就能知道建筑师是怎么想的，这样的设计看图就够了；还有些设计，甚至图比现场更好看，图更能表达建筑师的想法。如果完全没有看过图纸就直接去看博风的这两座建筑的话，我可能还要花点时间才能推导出这座建筑在图学层面上的逻辑。与两座建筑相对应的图还是很有意义的，但它们又不能代表建筑的全部——这件事情还是挺有意思的。

李   在这两座建筑里，我更喜欢七园居。田畈里有一个预设的坡道，这是设计中主要的东西，剩下的变化都是跟坡道来的。在体验上，空间结构比较复杂，每一个客房单元也比较复杂。七园居是一个改造（项目），原建筑本身的逻辑很清楚，而恰恰就是这个被动获得的逻辑和每个具有复杂性的客房单元搭配得正好。田畈里的布局是一个打破常规的构思，客房的复杂性和结构的复杂性叠加在一起，内和外的关系有些纠结。另外，坡道系统也会带来一些具体的问题，比如客人如何拎箱子上楼的问题。如果能在不影响建筑整体结构的前提下，设置一部电梯，让中间的系统变得更清晰、让坡道成为和整个交通体系完全脱离的散步道，我觉得可能会更好。这样，使用者就不会纠结到底要选择内部的楼梯系统还是外面的坡道系统了。总的来说，田畈里整座建筑的逻辑比较清晰，有对整体的掌控和想象，每个房间又有一定的丰富性，我觉得在简洁和丰富之间的这个度把握得挺好。

田畈里中的缝隙空间

张　　我觉得田畈里的坡道既是一种行为设定，也是一个很强烈的形式——建筑立面被坡道切了一刀，建筑的外观基本是被坡道把控的。这种形式放在乡野环境当中，其张力是不太能呈现出来的；但人在坡道上走的感觉很好——结合倾斜的上下两块楼板，人能看到四周延绵变化的山野环境。对我来说，坡道的吸引力大于中间的捷径。我会首选使用坡道，出门的时候才会考虑走捷径。预设的坡道导致内部客房很难设计，现在客房呈现出来的上上下下，都是为了回应坡道的挤压。这在大原则上没什么问题，用起来也没什么难处，但对于经营来说是否有利这一点还值得讨论。

　　建筑中间的缝呈现出的是"文和友"式的趣味。文和友是把 20 世纪 80 年代省城烟火味固化后变成消费图像，提供给 80 后进行消费的产品。田畈里中间这条缝里面也是一种"私搭乱建"的感觉。坡道、缝隙、楼梯以及通往客房洞口内的各种变形，空间的压缩及膨胀的动机特别强，让我想到某种都市性，像是无特征都市文化造成的。如果把这座建筑放在城中村，坡道边上一圈卧室，坡道看出去望见的不是远山而是缝隙里的都市场景，倒也可以的。

李　　对，如果是在城中村这样具体的复杂的社区中面对建筑的困难环境，通过这个坡道把问题解决了，我觉得那就是一个高妙的设计手法。现在多少让人感觉这个问题是自己创造出来的，自己先给自己设了一个题，然后再去解。当然，我觉得这种空间带来的最大的好处是，建筑服务对象不是仅仅住在客房中，住店本身需要一些体验。另外，也可能有年轻的建筑学学生来，他们能从这个上下探索中得到很多乐趣。不知道普通游客对此的接受度会有多大，建筑学学生在这里应该是可以得到很多教益的，在这里住两天相当于上了一门建筑的课。

庄　我刚才在想，有没有我们周围的建筑师像你们一样那么喜欢以尺度变化的方式设计建筑，一下子还没想出来。你们的建筑里面空间高低、宽窄这些尺度变化特别多，所以建筑里会有很多坡道、楼梯、台阶，因为它们联结了不同高度的空间。这种尺度变化似乎在你们的每个作品里都有特别强烈的诉求，所以建筑里很少有大平层和大空间，而且设计中还会用材料或颜色来加剧这种尺度变化的感受。这些是你们设计的一个主要特点。

张　我对这个事情的理解是，多重尺度可能对你们来说意味着一种机会。有一个词叫"主体间性"，你们建筑表现出来的可以叫"尺度间性"，希望用"in between"来消解某种东西或提供某种东西。

李　这是在创造一种戏剧性，或者强迫使用者在不同的层级之间转换，让使用的过程不太平静。

张　我觉得这还不能算是戏剧性，因为这里没有抒情或者宣泄，这可能更是通过不同尺度的变化，让不同的人在里面找到自己希望停留的不同角落——我想待在这里也可以，待在那里也可以。

王　对我们来说，比较重要的是，仅仅通过尺度的转换就已经可以有效地建立起建筑与人的基本关系了，同时构成尺度的那些东西在内部空间或外部立面上又形成了一种形态，即经营尺度的同时也构成了建筑形态。虽然我们都感觉到设计建筑不能总是从形态开始，但是我们受的专业教育一般都非常纠结于形态，脱离了形态就感觉到好像不知道该怎么做设计。尺度的方法应该是避免形态优先的设计方法之一吧。

张　那你们现在工作的核心诉求是要把形态消解掉？

王　形态是建筑设计重要的组成部分，因而也不需要去消解它。只因接受的专业培训过于强调形态，导致无论在设计上还是在判断上我们都会有意无意中以形态为中心来进行思考，所以才不得不主动地逆向思考——考虑不依赖形态的话，我们应该如何做设计。最初，以形态为主要线索做设计，等建筑造出来以后去现场，感到实际的体验竟然很乏味。那时候才意识到，仅仅利用造型手段来做设计是不够的，必须要有对身体感受上的考虑才行。后来，发现西扎（Álvaro Leite Siza）是以人在空间中的持续感知为依据进行设计的，这样才得以从纯形式控制的设计方法中跳脱了，他的设计思路就成了很好的参考。可是，将体验放到核心，有时候会觉得是在作装修，会感到很软弱。于是，逐渐理解了设计不必以目标性非常强的方式去进行，而是要全盘地把各个要素关联起来。比如那些由社会上普通建造系统自动生成的没有在体验上设计考虑的架构，却往往具有很好的现场体验感。正是由于有建造系统的统合才将形态、体验等要素关联了起来。

李　我觉得西扎的设计和你们的设计还是有所不同。西扎空间的复杂性和变异性是

加利西亚当代艺术中心里让视线穿过多层空间的设计

在行进的过程中累积形成的，很少在一个空间里看到高低大小很复杂的变化。他设计的空间可能四面都是墙，但一个墙角突然有些变化。他建筑中的每间房间都有一点特异性，通过人的行进把这些空间的体验连缀起来，并让人形成一种空间很复杂的想象。

张　在田畈里大堂，通过楼梯边上的高窗往上看，视线透过多功能厅看到西墙上坡道边的窗，这种视线可以穿过多层空间的感觉和西扎加利西亚当代艺术中心（Galician Center of Contemporary Art）似乎有点相似。

华　你们的方法注重的是流线以及个人的体验，那这种感觉和意象在团队工作中是怎么被提出来的呢？

董　团队工作的时候，从基本概念到最后细节完成的过程中，只要有机会，我们都会尽量展开讨论。大家可以在讨论中分享自己的体会和经验，那些有共识的感觉会被吸收到设计中，而且设计过程也经常会有很多不同的人插手。做到最后，常常会发现设计中已经融合了很多人的经验及想法，成了大家工作和思想的叠加。所以对于设计，我们不是很执念于创造一种很纯净、单一的感觉，而是希望建成的空间能更丰富。

华　民宿类建筑很适合你们的设计思考，那这类建筑的设计过程对你们来说是不是一种很好的体验呢？

王　民宿类项目可以将建筑、室内及景观作为一个事情来看待，从而将我们在一个项目中关于建筑各种大大小小的思绪完整地统合起来。国内这种类型的项目确实还不是很多，所以设计过程虽然非常辛苦，但体验也是挺好的。通过民宿设计，我们理解了室内及景观需要从整体关系的角度着眼去进行控制，而不能从细节、材料、做法等角度开始。很多情况下，只要大关系合适，用常规的手段就可以满足大多数要求了。当然，我们做民宿设计的用意并非想聚焦这种项目功能，把这种项目的经验固定下来后再去做这方面的更多项目。我们更想通过它来讨论具有普遍性的设计问题。

张　我觉得目前媒体推送的让人感到很有设计感的民宿或乡村旅社，大多数是在图像性需求的趋势下作的设计。设计为图像服务，并想用几张照片就将你打倒。从这一点来看，你们的设计和那些（设计）还是有很大差别的。

王　照片类的图像把时间性、空间关联及尺度感等信息基本上都抹除了，因而缺失体验性的对象。设计中既想有图像性，又要有好的体验基本是不太可能的。我们做设计从基本组织关系与实际体验的角度出发，从开始就没有多想图像的事情，没有这个负担，也会比较轻松。后期在媒体上用的照片基本都是建成后到现场去"找"出来的。比如刚才华老师说她特喜欢的那张田畈里的照片实际是贴着地面及玻璃，再用超广角拍到的。虽然看这张照片的感觉并不是我们身体在现场能体验到的，但是它像一张剖面图那样很好地传递出建筑的空间关系，让人能阅读出只有这张照片才能表达的信息。既然照片必然无法真实再现现场的真实体验，我们就可以去寻找具有自身表达语境的图像。我们是这么理解图像与建筑关系的。

张　这是一种解释性的图像观。

庄　有很多很好的酒店或具有体验性的建筑未见得一定会有一个一眼可以看得到的概念。从你们的这几个设计里面，我可以看到背后有一些理性和抽象的东西在，比如说结构性、空间和动线组织等，这可能是这两个建筑比较有特征的地方。设计中的很多视角可能跟参考了不同的案例有关系，但具体设计的时候又没有陷进去，所以区别在于，有些项目拍完照片后可被分析的东西比较少，这两座建筑还是有很多可分析的。我想问设计方案定下来后，项目就基本按照方案建造，还是在建造过程中又有很大调整呢？

表达了"剖面"感的田畈里照片

王 虽然设计有很多现场的调整，但大的原则基本上都没有变。设计在一开始就有基本的控制，而不是做了之后，现场感觉不对再进行现场调整。这样，在前期就需要进行相对周全的考虑，尤其对设备洞口、管线等要进行排查，不能给后续留下陷阱，而且得到的经费也不支持我们派驻场建筑师。设计上也按这样的方式去控制，比如七园居，只要能把它的木结构留下来，再配上相应的材料，大局就已经定了，不必须要严丝合缝的细节来保证大感觉的实现。各种细节虽然有设想，但都可以按实际的施工方式、建造能力以及投资情况有所变通。

张 这是一种设计管控，而不是一种物质建造的纤毫毕现。这类建筑基本是一个可用的系统，而不是特别精细的系统。这样的设计方法跟建筑的特征是对应得起来的。

华 设计中，你们对场地的态度是什么样的呢？有的建筑师说，场地对他们非常重要，他们必须花很多时间在场地上体会才能做好设计。我感觉这种场地策略从路径上也接近我们在田畈里和七园居的体会。博风的设计是如何考虑对场地的关照呢？

王 建筑需要跟场地产生某种关联，这一点我们在设计中确实是会仔细考虑的；但是因项目而异，一般来说，场地问题不会是设计的开始。看场地的时候，我们更多关注物质层面的信息，比如地势哪里高、哪里低，哪些邻居的体量及视线关系需要避让，近处及远处的景色与基地的关系等。然后，我们需要一份详细的基地测绘图用来电脑建模，在此基础上进行建筑与环境关系的进一步分析。

张 博风的建筑和场地的关系是嵌入式的关系，看场地的时候也是在想怎么利用场地，如何把建筑嵌进现场吧。与此不同，那种反复看场地的建筑师也许是想在场地关系上找到一个具有唯一性的"宣泄"视点，而这种以静态的、设置最佳视点的方式考虑设计的思路很传统。

王 今天老师们的点评值得我们接下来再好好反思一下。天色已晚，非常感谢各位老师！

对谈嘉宾简介：

张　斌：致正建筑工作室创始合伙人、主持建筑师
　　　　同济大学建筑与城市规划学院客座教授
庄　慎：阿科米星建筑设计事务所合伙人
　　　　上海交通大学设计学院教授
华霞虹：同济大学建筑与城市规划学院教授
　　　　阿科米星建筑设计事务所学术顾问
李翔宁：同济大学建筑与城市规划学院院长、教授

洞天寮

浙江德清 · 2020

Teahouse of Hidden Sky · Deqing, Zhejiang

"洞天寮"是位于浙江湖州下渚湖湿地公园的一组茶室建筑。下渚湖湿地公园内有 3.4km² 水域,既有宽阔的湖面也有纵横交错的港汊,水面上散布着大小不一的墩岛。有些墩岛相互间以步道相连,形成墩岛群,其上布置不同的游憩设施形成景区。洞天寮位于竹楼岛景区之上。从公园各个方向看过来,洞天寮的几座建筑都是简单的坡屋顶建筑。这种无强烈外部特征的单层坡顶建筑与公园延绵的风景融合在一起。

洞天寮主厅为一座四坡顶建筑,四周檐口处的空间较为低矮,内部空间隆起,屋脊之下的空间达到室内的最高尺度。为了避免大屋顶笼罩下的幽闭感,屋脊处设置了一条长 26m、宽 3m 的洞口。倾泻而下的阳光使建筑内部光线均匀且明亮,身处主厅内的人可以通过洞口一睹天空的风云变幻,而四坡顶建筑也以此给予人更为开放的空间体验。

在保持屋顶洞口开敞的前提下,为实现业主提出的"主厅面积一半以上为气密空间"的功能要求,同时解决洞口落入雨水的排水问题,坡顶内设置了一块板下净高 2.7m 的钢筋混凝土平屋面。这片平屋面不仅满足了功能要求、解决了排水问题,而且其下相对低矮的空间让身处大坡顶下的游人除了可以感受到高敞、明亮的环境氛围外,还同时拥有一种亲密感极强的尺度体验。

一个在几何关系上不完全顺应坡顶轮廓的基座以不同方式穿插进建筑。基座分为高出室外地坪 0.7m 与 1.2m 的两级。主厅的柱子大部分落在 0.7m 高的基座上,其檐下最低处净高为 2.7m;主厅西南角的两根柱子落在 1.2m 高的基座上,从而形成了净高 2.4m 的檐下空间。在面对公园主湖面的建筑东南角,有 3 根柱子落在基座之外,形成了一处净高 3.4m 的相对较高的檐下空间,从而让建筑东南角更具公共性;同时,在主厅四坡顶的东南角设置一个老虎窗。这样做,不仅进一步消减了屋顶形态的封闭感,而且呼应了来自公园主湖面游船上的人流视线。

基座是建筑与地景间的中介。这个中介在建筑的檐下进进出出,把外部绵延的地景延续到建筑内部,使坡顶下空间与外部环境成为一体。

当项目建造过半时,业主提出希望增扩非气密面积以容纳更多桌位的要求。由于主厅所占场地南北向都已逼近水面,很难增扩,因此在尚有可扩建场地的主厅西南角增设了一座长 21m、宽 6.9m 的独立的四坡顶小屋。为了使小屋檐口与主厅齐平,以形成形态上的整体感,小屋被设置在 1.2m 高的基座上,至此形成净高 2.4m 的檐口尺寸与其体量和各部分的比例关系相得益彰。

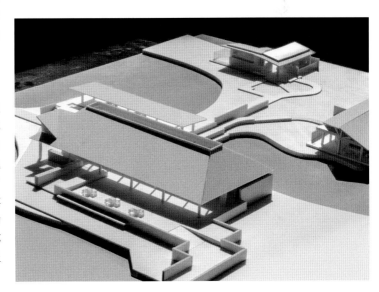

除了四坡顶的主厅与小屋，洞天寮建筑群中还有一座双坡顶的"副寮"，其功能是为小团队游客提供聚餐的空间。副寮由门厅、五个隔间包房与服务空间构成。在环境关系上，它被放置在主厅西北向，建筑长轴与主厅长轴相垂直。为了与主厅及其西北面的湿地相呼应，副寮双坡顶的两端各自在东南角与西北角沿45°进行直线削切。副寮采用了与主厅类似的结构形式——钢筋混凝土框架梁板之上架木结构坡屋面。为了让人从内部看到的坡顶底面完整、延续，室内房间的大部分隔墙都只做到距室内地坪2.8m的高度，其上用玻璃加以封闭。通过坡顶底面，"翻墙越室"的视线使人在房间内的空间体验得以延展。包房外，亲水平台之间1.2m高的挡墙穿过净高2.4m的檐下空间延伸至室内，与隔墙交接。这些"穿透"建筑外围护的挡墙模糊了室内外空间的边界，在感知上增强室内外联系的同时，也让室内空间显得更为开放。（2022）

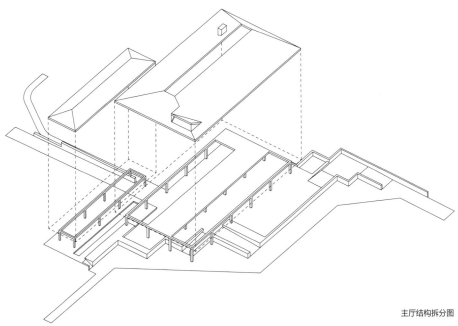

主厅结构拆分图

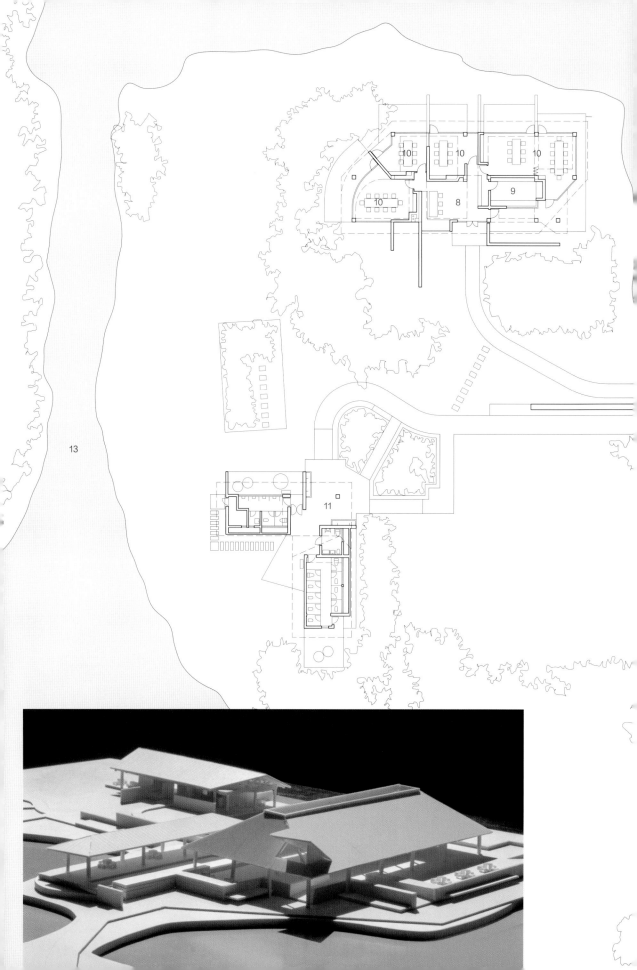

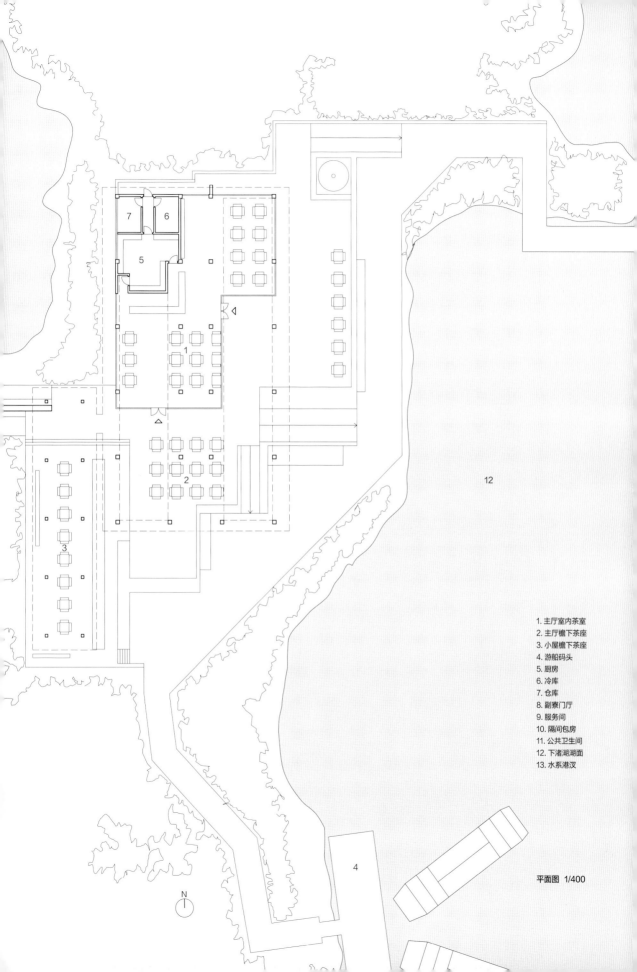

1. 主厅室内茶室
2. 主厅檐下茶座
3. 小屋檐下茶座
4. 游船码头
5. 厨房
6. 冷库
7. 仓库
8. 副寮门厅
9. 服务间
10. 隔间包房
11. 公共卫生间
12. 下渚湖湖面
13. 水系港汊

平面图 1/400

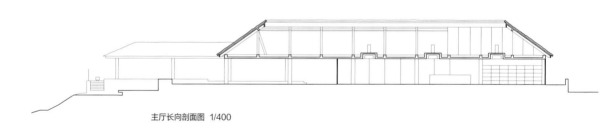

主厅长向剖面图 1/400

副寮短向剖面图 1/400

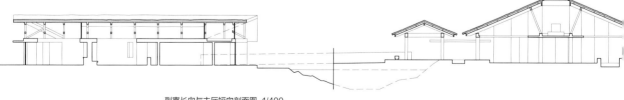

副寮长向与主厅短向剖面图 1/400

1. 预制水磨石砖
2. 钢筋混凝土柱
3. 雨水管
4. 钢筋混凝土梁
5. 风机盘管
6. 空调外机
7. 冷媒管
8. 金属支座
9. 木屋架梁防水金属包裹
10. 封边木梁
11. 木屋架梁
12. 木檩条
13. 钢拉索
14. 玻璃窗
15. 预制混凝土砖
16. 排水沟
17. 立锁边铝镁锰屋面板
18. 竹丝屋面
19. 灯管
20. 不锈钢檐沟
21. 室外重竹地板
22. 砖垛
23. 桩型基础

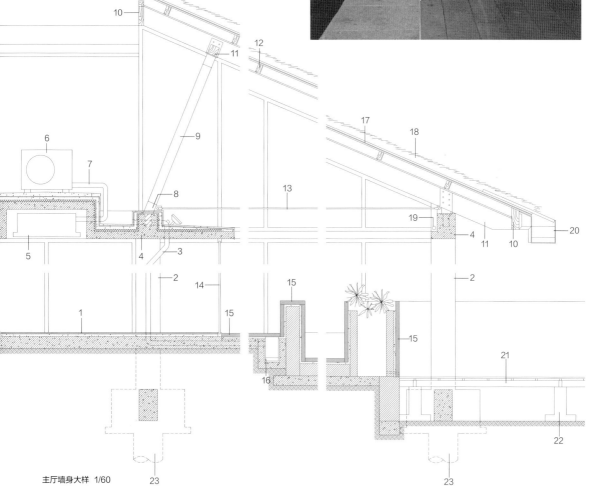

主厅墙身大样 1/60

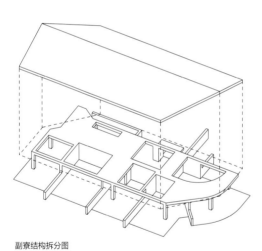

副寮结构拆分图

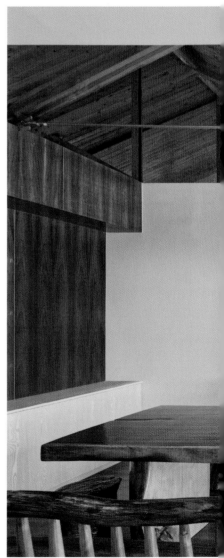

幽篁亭

浙江德清 · 2020

Folded Pavilion · Deqing, Zhejiang

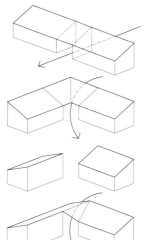

1. 高面朝向公园的单坡

2. 将其中一半转 90°，以体量相对较小的面对向公园

3. 将后部体量再转 180° 使坡顶高点朝向公园外围

4. 在两个体量之间架设扭着的屋顶对下部空间施以覆盖

这是下渚湖湿地公园的一处公共卫生间，隔着开阔的绿地，东面洞天寮，西接公园外围湿地。在景观设计上，除了卫生间东面外，其他几面均被竹林包裹，故称之为"幽篁亭"。设计意图在于打造一处让人融入自然环境，并在内外空间体验上有连续感的公共卫生间。

从布局概念上看，幽篁亭的各部分功能一字排开。建筑是一个中间开敞的洗手处连接着两端男女卫生设施的单坡顶体量，其高面迎向洞天寮的主厅，使主人流方向视线中的建筑形象更加完整、通透。为了避免体量过长对洞天寮造成压迫感，建筑沿中轴线水平向折转了 90°，仅用一半的体量面对洞天寮，而中部的洗手处也因此获得了迎向主人流方向的更大面宽。为了形成洗手处前后均衡的高敞感，一半的单坡顶沿垂直方向进行了 90° 的翻转，从而形成了整个建筑上的一个异形大覆盖。

建筑单坡顶的最高处净高 3.5m，它为相对封闭的内部空间争取到了可以看向室外的高窗，也使屋顶在外观上呈现出一种漂浮感。高窗与其他形式的窗把室内的人的视线引向外部景色，从而增强了内部空间与外部公园的连续感。单坡顶的最低处净高 2.4m。由低到高的坡顶底面在洗手处形成了

富有戏剧性效果的半开敞空间，让此处既有与公园环境的连续感，又可获得一种尺度上的亲密感。

幽篁亭的大部分蹲位隔间都对外开窗。窗外设置与立面相隔 60cm 的竖向挡板。挡板在保护隔间私密性的同时，其上下的空当也让隔间内的人可以看向室外，以此获得内部与外部的连续感。（2021）

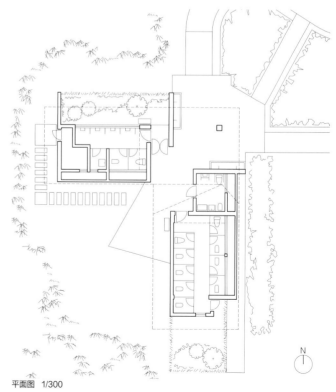

平面图　1/300

半开敞空间剖面图 1/300　　　　　　　　　　　　　　男卫生间剖面图 1/300

汇福堂
上海章堰 · 2021

Fortune Pub · Zhangyan, Shanghai

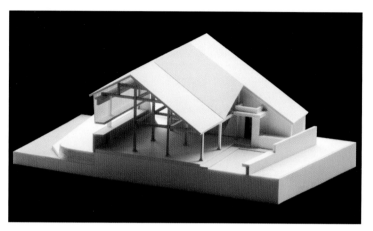

　　"汇福堂"位于拥有悠久历史的上海青浦重固镇章堰村，是这个江南水乡古村落更新规划建筑群中的其中之一。该规划力图通过重点打造旅游和居住功能来振兴章堰村。项目要求：作为新商业设施的汇福堂，要尽可能再现场地上已坍塌的原有建筑的外形轮廓。

　　章堰老街为章堰泾北侧东西走向的街道，从东头城隍庙门开始到西端金泾桥，总长约240m。规划实施之前，以位于老街中部的重要文化遗产——建于清代乾隆年间的汇福桥为界，以西为"村内"——鳞次栉比的沿街商铺形成浓厚的商业氛围；以东为"村外"——老街旁仅有散落的农家。汇福堂坐落在汇福桥旁，曾是老街的第一家商铺，其东面原有一条与章堰泾呈T字形交汇的小河。汇福桥就横跨在这条小河之上，将"村内"的商街与"村外"的乡路连接起来。在此次规划的景观提升建设中，小河被改造为旱溪式绿化带。

　　按照规划要求，汇福堂被设计为一座单层小青瓦坡顶的建筑。然而，设计首先要面对的问题是，新建筑要引发人们对村落曾经拥有的风貌更加丰富的想象，仅靠维持村落格局和主要建筑的传统外形，力度尚显不足。凭借传统建造方式自然携带的形式及细节能让人们的体验从外部空间延续到建筑的内部，进而得到更为完整、丰富的对传统的想象。为此，汇福堂主体选用了传统的抬梁式木结构，屋顶选用了与此相匹配的构造方式。这个建造体系不仅能够自然塑造出具有传统建筑意象的坡顶建筑外观，也使建筑具有了此地土生土长的内部空间氛围。

　　设计面对的第二个问题是，传统建造体系中的抬梁式木结构往往是与砌体结构搭配使用，而这种搭配自动形成具有明确朝向特征的建筑，即建筑南立面是感观上相对开敞的"正面"，东、西立面则是感观上相对封闭的"山墙面"。作为老街东端汇福桥旁的第一座商业建筑（目前它被用作为书店），采用传统方式建造出的南向建筑，难以对老街上从东而来的人流形成良好的迎合感。为此，设计使用了将主体抬梁式木结构与局部钢筋混凝土框架结构相结合的建造方式。从平面上看，"C"字形的钢筋混凝土框架将主体木结构围合其中，两种结构相互独立；木结构只有局部与钢筋混凝土结构搭接。这样，建筑屋顶依旧采用木构体系的构造方式，而建筑立面则可利用钢筋混凝土框架实现更加灵活的外围护设计。对于建筑东立面和南立面，我们采用了内外

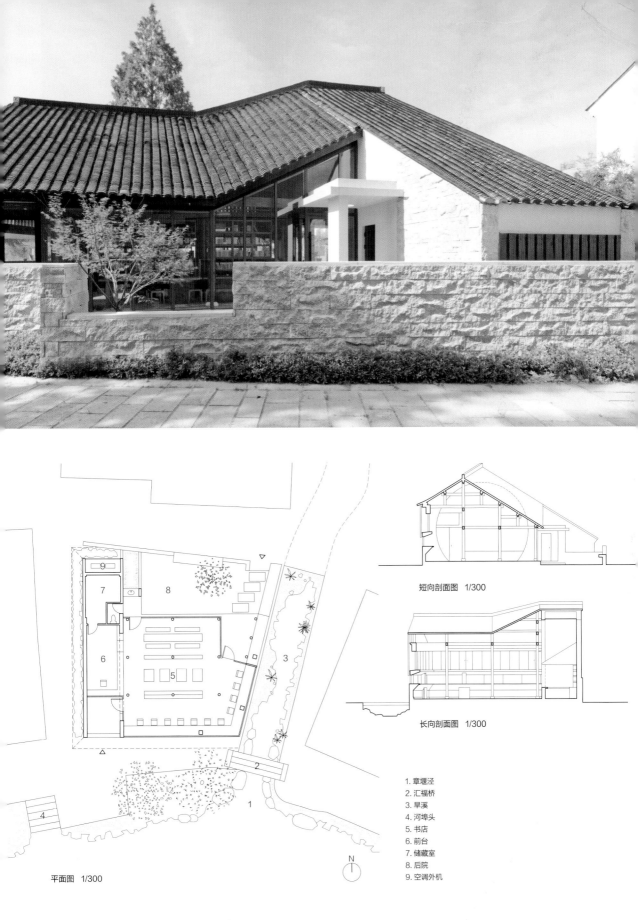

短向剖面图 1/300

长向剖面图 1/300

平面图 1/300

N

1. 章堰泾
2. 汇福桥
3. 旱溪
4. 河埠头
5. 书店
6. 前台
7. 储藏室
8. 后院
9. 空调外机

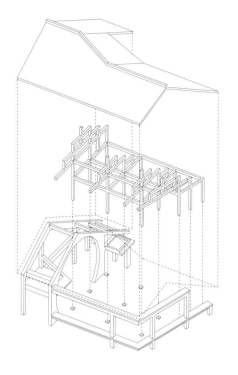

拆分轴测图

双层表皮的设计手法，打造出既通透、开敞，又不乏整体感的内部空间。虽然在整体形象上还是硬山坡顶的建筑形态，但格栅将正立面与山墙面"合二为一"，从而提升了这座桥头首座商业建筑的公共性。

汇福堂东、南向内立面分为上中下三部分：上部为固定式的大玻璃窗，局部设可开启扇，外挂木格栅——在塑造外立面形态与肌理效果的同时，为大玻璃窗遮阳，以稳定室内的热功性能；中部为 70cm 高、15.2m 长的无框转角条窗——与人的视高同步，以保证乡村风景的一览无遗；下部为窗下墙，窗台向内扩展成为室内吧台。虽然屋脊下最大净高 7.1m 的建筑内空间不算宽裕，但是无框条窗对横向延绵的风景吸纳，有效地将人对内部空间的感知重心拉低，烘托内空的竖向尺度，让室内空间在人的感知中比实际上更为高敞。

建筑的木构体系虽然不乏丰富的细节，但日常进入建筑的人并不会对这些细节给予过多的关注，因而从感知层面上看，建筑的文化认同其实是一个仅有"文化"之名的抽象概念；当代通用的钢筋混凝土结构具有多样化的承载可能性，因而从技术层面上看，其以相对大的跨度及悬挑创造出视野开阔的转角长窗也是稀松平常之事。然而，当传统木构与钢筋混凝土两种建造体系结合在一起时，建筑呈现出的那种并非"非此即彼"的状态会带给人一种与单一建造体系所形成的空间体验迥异的感受。

对于传统木构来说，设计的窘境在于，榀架式的梁柱关系对柱位及跨度都有较大限制，很难以常规手段响应空间及立面取消角柱的实际需求，而这对于钢筋混凝土结构来说却不成为一个问题——汇福堂南立面轻松获得 6.5m 的跨度的同时，轻松悬

挑 3.2m，彻底解放转角柱。对于钢筋混凝土结构来说，设计的窘境在于，很难自然而然地携带木构所具有的丰富、朴实的细节。

然而，当两种建造体系组合在一起时，让建筑出现了一种可识别的差异性。这样的差异性在一定程度上使人挣脱了文化符号对个人体验的意识性桎梏，唤起人们对由建筑引发的日常生活中鲜活具体性的感知。虽然此时人们无法清醒认识到这种的挣脱，但肯定能隐约感觉到一丝异样。这种异样感既是人们对建筑空间特征的真切认知，也是对特定场合中自身存在的真切认知。（2022）

两只土拨鼠

浙江德清 · 2022

Hotel Marmot Friends · Deqing, Zhejiang

与"七园居""田畈里"一样，"两只土拨鼠"也是德清山村中的一座乡间旅社，由于原宅基地产权分属两个家庭，建筑被分为 A、B 两栋，但由同一业主统一经营。当地对每栋建筑的容积、基底面积和高度都有明确限定要求；因此，为了争取尽量多的使用面积，两栋建筑均做到了 3 层。从功能上看，两栋建筑的底层都设置为公共活动区，上部两层为客房；每层设置 3 套客房，总计 12 套客房；位于第三层的客房内部多数都设有阁楼。

对于来到景色优美的山村小旅社中度假的住客来说，期待的不仅是一座特别的建筑，更是一种与山林环境勾连在一起的居住体验。按照现代居住舒适性的要求，旅社房间基本都须保证气密，从而导致即使使用了很多大玻璃，仍然会有"封闭"的建筑感受。那么，在保证居住舒适性的前提下，是否有办法减弱住客在体验中的这种封闭感，并使其获得更多"身处山林中"的感觉呢？

人在建筑空间中行走时，会在有意无意间不断"重构"已经历过的空间结构，并以此获得"体验"。这种"重构"是按照时间顺序编排起来的，并受到具体感知的影响，因而重构的空间结构常常与真实的并不完全吻合。在本项目的设计中，我们试图利用这种差异，在不改变建筑体量完整性的前提下，增强住客对"居住环境融于山林之中"的切身体验。

模式 1 简图是常规建筑模式：在这里，贯穿各层的楼梯间 S 起到的不仅是交通作用，而且在人的体验上把各间客房与底层公区拉接在一起，让人倾向于把由客房与公区组合形成的一栋楼理解为一套独立完整的空间结构。针对本项目来说，这意味着人们会把整座旅社理解为 A、B 两栋楼 + 楼围庭院 L 三个元素的组合。由于每

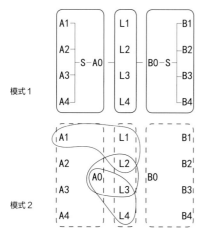

常规动线组织模式 1 与本项目设计模式 2 比较

A0：A 栋公区
A1-A4：A 栋各客房（数目为象征，非实数，下同）
B0：B 栋公区
B1-B4：B 栋各客房
L1-L4：庭院中各景观节点
S：楼梯间

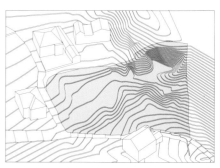

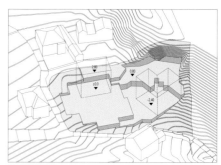

坡地平整方案

个元素都具有较强的独立性，因而建筑内部与外部在体验上的连续性较弱。

模式2即本项目设计模式：在这里，联系底层公区与客房之间的楼梯间S被取消，客房无法与本栋楼的底层公区直接联系，需要通过庭院才能通达。正因如此，每间客房与庭院之间建立了直接联系，从而打破了常规模式下的认知，让住客对旅社的空间结构有了不同的感受。

项目基地为坡地，前后高差为15m。设计以常见的分台方式对场地进行了整理，将基地大致分为4个大小不一的台地，由高到低，其间的高差依次为2.8m、0.8m和2.4m。处于东南面、靠近村路的两个平台相对较低，为场地前区，布置有大草坪、泳池、景观瀑布等；处于西北面、靠着山体的两个平台相对较高，为场地后区，主要为绿化庭院。通过周围一些小型台地与坡地，前区/后区与周边的山体、道路关联成一体。

A、B两栋建筑的底层地坪分别与前区两块台地平接，二层楼地坪分别与后区的两块台地平接。对于这座仅有两栋楼的乡村小旅社来说，客房除了与本栋底层公区之间存在连通需求外，客房与室外场地、本栋客房与他栋客房/公区之间同样具有很高的连通需求——此连通特性与场地现有的高差条件使设计采用模式2成为可能。设计采用的具体策略是：在建筑中没有设置底层与上部楼层间的直达楼梯，从客房到本栋公区或他栋都需要经过外部庭院。二层客房由后区庭院直接入户，三层客房通过一个直跑楼梯由后区庭院入户——两个楼层的客房都与庭院直接连通。在取消了贯穿三层的楼梯间后，客房与公区以外部庭院为中介相互关联，而人在建筑间的动线由此可分为客房—庭院、庭院—公区、公区—庭院等"段落"。这意味着在人的意识中，空间结构同样被分成了相应的"段落"，现实独立的A、B两栋楼的真实空间结构在体验中被大大弱化了；因此，住客更

多是将两栋建筑＋庭院理解为由一簇一簇散布在山地中的、内外延绵的空间组合而成的场域。如模式2简图所描述，房子与环境之间的封闭界限在人的体验中被打散，建筑与环境间的对立感被削弱，住客也因此获得更充足的"居住在山林中"的亲身体验：这是山地建筑带给人的一种特有的居住感受，时而身处"高处的底层"，时而身处"低处的底层"，上下层可

A 栋三层平面图 1/300

1. A 栋大堂
2. 设备间
3. 厨房
4. 备餐
5. 仓库
6. 液化气罐间
7. B 栋大堂
8. 起居室
9. 餐厅
10. A1 客房
11. A2 客房
12. A3 客房
13. B1 客房
14. B2 客房
15. B3 客房
16. A4 客房
17. A5 客房
18. A6 客房
19. B4 客房
20. B5 客房
21. B6 客房

栋二层平面图 1/300

11

12

13

14

15

B 栋二层平面图 1/300

7

9

8

3

19

20

21

B 栋三层平面图 1/300

N

A 栋和 B 栋底层平面图 1/300

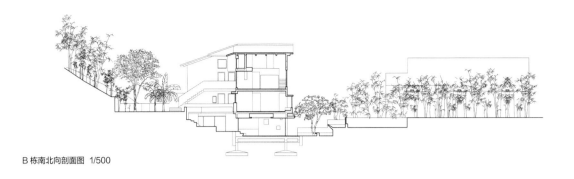

B 栋南北向剖面图 1/500

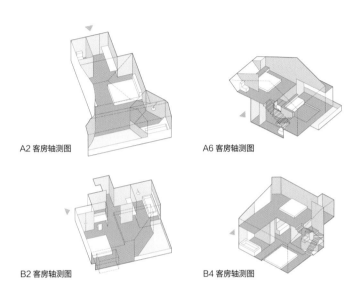

A2 客房轴测图

A6 客房轴测图

B2 客房轴测图

B4 客房轴测图

以互望的空间叠置、交错；从庭院看去，建筑有时为 2 层，有时为 3 层——如此尺度上的形态变化应和着整个场域中"段落化"的空间体验。

旅社所在的小山村位于一个由西南向东北延伸的山谷阳面坡上，村里的民宅大多为东南朝向。A 栋建筑沿用了该朝向，其平面为一字排开的 3 个开间；B 栋建筑位于村子的东北端，以观景面朝向、所处坡体朝向和楼栋间距等要素为依据，其平面被设计成"L"形，因而上部的客房呈"品"字形排列。在这样的整体布局下，两栋楼的每间客房在面宽、采景、层高、采光等方面的条件都不尽相同；因此，每间客房均按其具体条件进行针对性

设计。例如 A2 客房，从剖面上看，其与 A1、A3 客房一样，局部借用外部披檐，从而产生一种"处于坡顶下"的空间感受。由于 A2 客房位居平面中间位置，可开窗采景的外墙延展面比 A1 或 A3 小很多，所以设计采用 A1 和 A3 局部利用山墙面进行采光和采景的策略，为 A2 腾让出部分面宽——这样，A2 客房不仅光照和采景条件得到提升，室内空间也因此具有了"特征"。A、B 两栋楼的屋顶均采用木制横梁＋望板，室内直接暴露顶部结构和构造，形成"木屋"的氛围。此外，为了给下层客房的"坡顶"效果留出塑造空间，A 栋三层客房南向窗前地面被抬高，室内也因此有了入口区域及其周边、临窗被抬高

A 栋短向剖面图 1/500

地面和阁楼三个标高——这种标高关系成为顶层客房的"特征"，客房内部空间——从阁楼到入口区域的连续感也因此得以增强，如A6客房。B2客房有一个方整的平面和相对较大的外墙延展面。在这个延展面上，可按内部需求开出不同方向、不同大小的窗洞口，打造丰富外部视野的同时，也使内部空间感更加开阔。在B4客房中，为了有效利用坡顶下较高的空间，通往阁楼的楼梯被安排在靠外墙处；利用楼梯下的斗形空间，原处于楼梯背面、看似无法自然采光的卫生间意外地获得了采光口——这种立体地使用空间的方式提高了空间的使用效率，使卫生间的空间感觉更加宽敞的同时，提高了客房内部的趣味性。

两栋楼底层公区各具特点。A栋底层公区地坪与中间平台上的大草坪同一标高，正立面上的落地门一打开，室内外空间便畅通地连续一体。处于落差2.4m陡坎下的B栋底层公区以同样的方式平接室内外地坪。为避免建筑前方地形落差导致室内空间体验上的闭塞感，设计使建筑后方的山体退让形成梯台状的内庭。背面的山景仿佛是以梯台的方式跌落进室内。这是一种与A栋截然不同的将公共区域与外部地景连续一体的空间体验，同时，借助内庭，B楼底层空间也获得了应有的通透感。

综上，如果将人按照时间顺序重构空间感受的过程称之为"历时效应"的话，那么，利用历时效应对整体空间结构的分"簇"式体验，能够让人获得更为丰富的空间与环境感知，从而增大其体验密度。

本项目以动线组织和针对性设计为操作手段，形成了住客对建筑内外"簇"式的空间体验，从而超越了建筑物的边界，使人获得一种居住空间分散在环境中、与山林共融的感受，有效避免了常态设计下建筑形态或空间组织对体验的干扰，让乡村旅社成为"作为环境的建筑"[1]。（2022）

1. 引自坂本一成《建築に内在する言葉》一书中的术语。坂本一成将人认识中的建筑分为"作为环境的建筑"和"作为对象的建筑"两类。他认为，对应于"日常建筑"产生了"作为环境的建筑"——这是一种人在无视建筑外部及其空间形态，或者说无视建筑的"图像性特征"的条件下，自然而然地去使用建筑的状态；对应于"非日常建筑"产生了"作为对象的建筑"——这是一种人充分意识到建筑外部及其空间形态的重要性，因而将这些"图像性内容"从自我融入建筑的关系中分离出来的状态。

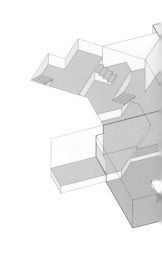

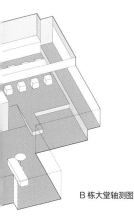

B 栋大堂轴测图

徐汇区街道修整系列项目 上海徐汇 · 2009—2022
Street Renovation Projects in Xuhui District
Xuhui, Shanghai

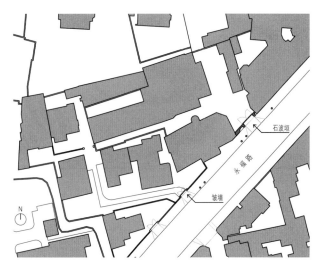

皱墙及石波垣平面图 1/1200

2009 年至今，我们参与了由总规划师沙永杰教授牵头的徐汇区街道修整系列项目，完成了该地区多处围墙、小区入口、街道绿化以及建筑立面等点位的改造设计。下文仅以系列项目中完成于 2010 年的"皱墙"和"石波垣"为例进行介绍。

"皱墙"为永福路 72 弄的围墙及门头。原貌是一长段不设分节的围墙，门柱略微突出墙面，并被拔高。历史资料显示，该弄院内仅有一座住宅建筑，地权面宽小、进深大；住宅顺着院子的长边布置，与永福路形成 25° 的夹角[1]；从院子入口看到的是建筑的一角，建筑与围墙之间显示出一种疏离的关系。为了使这座建筑与围墙的组合显得更加整体，避免街道风貌的杂乱，我们将围墙设计得更像是建筑的基座，而不是一个独立的构筑物。为此，设计压低了门柱的高度，使它与围墙齐平，在形态上将其弱化并融入围墙的语言中；同时在设计细节上，采用大小不同的 45° 内切凹槽在围墙上形成褶皱。凹槽在平面上的倾斜关系来自场地中的建筑与围墙，这是一种"场地基因"，能使二者相互默契。为了减小墙体的尺度感，规划对其垂直和水平方向都有分节的要求。设计利用墙体上的连续小凹槽，完成对其表面水平向分节的分割；而在垂直向上，则做了 3 段分节的处理：最上一段分节铺贴与住宅建筑同样的面砖，并以 45° 内切的大凹槽呼应中段褶皱，其面材同样来自"场地基因"。中间段分节采用抹灰处理，最下段分节采用与人行道同质的花岗岩，二者的表面齐平。抹灰的手工感很强，给人一种"软"的印象，其收边与石材收边相比，在感觉上有很大的差异；因此，当二者表面齐平时，为避免抹灰面收边的粗糙感，需要对其交接处加以处理——设计采用厚不锈钢条完成了这两种材料间的过渡。不锈钢条在精细化抹灰面收边的同时，也增添了墙面下部的细节感，并展示出一种当代建造的痕迹。

皱墙以北不远处修整后的永福路 70 号围墙及大门为"石波垣"，总长 9.5 m。这是一处从入口看去内院很深的地块。设计使墙体靠近门柱的部分略微后退，做出平面上的弯曲，再将围墙与半圆形平面的门柱融为一体，这是出于墙面整体感和入口标识性两方面的考虑。由于院子的整体面宽不大，新设计的围墙没有做水平方向上的分节；而在垂直方向上，围墙设置了 3 段分节：上层分节的面层为白色涂料，中间分节的面层为米色水刷石，下层分节的面层为灰色涂料。上、中两层分节在平面上做弯曲处理；下层分节除门柱处的导角外，平面上保持平直。

在分节交接的处理上，这面围墙以宽凹槽分段的方式与皱墙的设计手法产生对比。在小面宽前提下，这种该地区罕见的造型方式在保证了墙体（包括门柱）整体性的同时，也营造出围墙的当代感。水刷石面层不仅是"场地基因"，也更适合用具有体积感的形态去呈现。它与体量间新的结合方式让这种在这个地区常见的材料表现出一种新的特征。（2017）

1. 鲍士英. 上海市行号路图录 [M]. 上海：福利营业股份有限公司, 1947.

行云阁

Cloud Pavilion · Zhangyan, Shanghai

上海章堰 · 2023

行云阁位于青浦重固镇章堰村。虽然与汇福堂位于同一更新规划区域内，但由于地处规划区边缘，且周围均为新建筑，该项目在形态上没有回应传统风貌的需求。业主制定的任务书要求项目功能包括：报告厅、供展览或休闲活动用的多功能大厅、健身房、会议室、办公室及相应辅助房间。同时，鉴于建筑功能不确定性和后续存在的调整，任务书要求设计要预留足够的调整可能性。

在建筑使用状况不甚明朗的前提下，设计试图使用一种在室内也能被体验到的外部造型构件，以应对内部空间格局被改变时，建筑还能具有必要的内外关联。为此，个性鲜明、波峰间距为 9.9 米的钢筋混凝土波形屋面覆盖在了一个 2 层高的建筑体量之上。除独特的形体塑造外，外露的清水钢筋混凝土屋顶底面作为二层开敞大厅（暂定的多功能大厅及会议室）的室内天花也别有情趣。从平面上看，屋面轴线与建筑柱网轴线呈 45° 交错叠置。该操作使屋面波形正对东南向，直面田野，从而保证了建筑在这个视角应该具有的形态特征上的"正面性"。

在建筑内部，斜向铺设的波形屋面与柱子以及由柱网定位的墙体产生了很多偶然的交接关系，并因此增强了室内天花的趣味性。在靠近村庄的建筑西南角，波形屋面局部下沉，以整个屋面"最低谷"的方式覆盖其下的次入口，让人在建筑底层空间也可以近距离地体验波形屋面。

开间与进深均为 7 米的规整柱网精准支撑在屋面波峰与波谷的中心线上，从而保证了波形屋面结构的规整和施工便利。为了保证设定为报告厅功能的大空间的完整性，底层的两根柱子脱离柱网，做了一定距离的位移；接续位移点，两根柱子在二层斜向贯穿开敞大厅空间，回归屋面波形的中心线上。在这里，波形屋面与斜柱共同打造出室内动感。

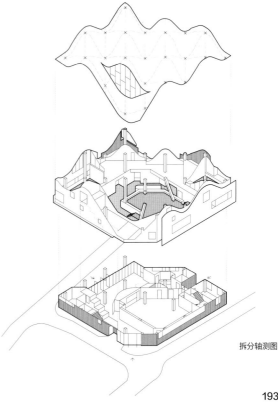

拆分轴测图

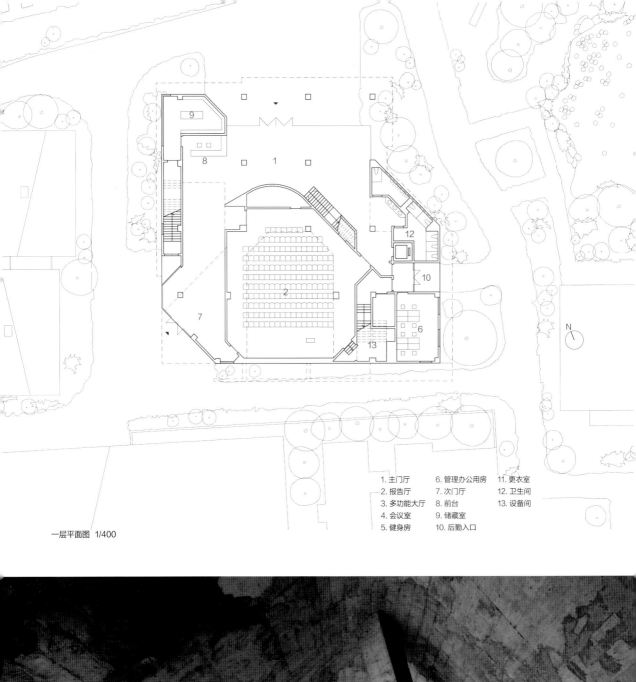

一层平面图 1/400

1. 主门厅	6. 管理办公用房	11. 更衣室
2. 报告厅	7. 次门厅	12. 卫生间
3. 多功能大厅	8. 前台	13. 设备间
4. 会议室	9. 储藏室	
5. 健身房	10. 后勤入口	

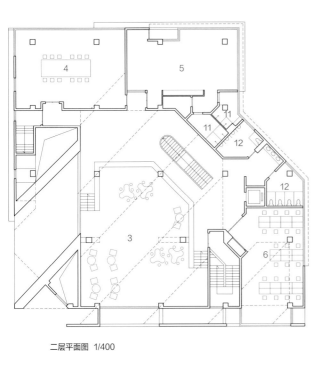

二层平面图 1/400

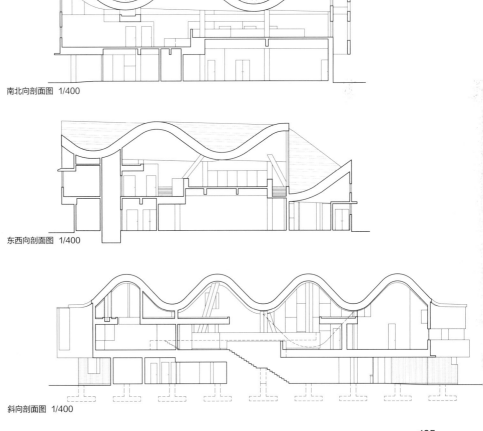

南北向剖面图 1/400

东西向剖面图 1/400

斜向剖面图 1/400

立雪小学

广东深圳 · 2023

Lixue Primary School · Shenzhen, Guangdong

在 2021 年 10 月由深圳市龙岗区建筑工务署主办的"走向新校园第 3 季，书院营造六联展——龙岗高品质校园行动"公开建筑设计竞赛中，博风建筑获立雪小学（原名下雪村小学）项目第一名，并负责与相关配合单位一同进行后期的设计深化。项目位于深圳龙岗区的一块近似梯形的场地内，场地西北面为宽度达 42 m 的坂澜大道，西南面为宽度 35 m 的环城路，东面为位于高岗上的城中村，东南面为正在开发的商业建筑群。毗邻场地的东南面并距红线 20 m 之外，将建设一座 150 m 高的高层建筑，对项目场地形成遮挡。

坂澜大道与环城路交叉口是一个空旷的城市空间，街角上的建筑有很大的展示面，位于此处的公共建筑应该在形态上对此有所呼应。同时，由于这两条道路都是繁忙的城市干道，学校的教学空间在设计上需要有效避免道路交通噪声的干扰。

综合以上条件，校园采取了将主体体量靠近街道，将运动场靠近城中村社区的布局方式。这样的布局可以让对采光要求高的教学房间避开基地东南面高层建筑的遮挡，获得足够的日照；而空间上较为开阔的运动场与稠密的城中村之间也可以在城市尺度上形成很好的疏密搭配。为了解决交通噪声的影响问题，设计一方面将卫生间、楼梯间、教师办公等房间以及

内庭院等设施环绕在建筑沿街一侧，以形成对噪声的遮挡；另一方面，对于部分沿街教学用房，则通过由实墙围合的大天井进行采光。这样，从形态上看，建筑沿街面是一个以实墙面为主的弧形体量，遮蔽噪声的同时，使这座建筑面对开阔的城市空间获得了足够的形象尺度，表达出应有的公共感。

建筑的街角立面上，除了必要的开窗外，还有一个高 5.8 m、宽 14 m 的洞口，其内部是利用弧形墙面内近三角形的平面区域组织起来的一处中庭空间。从街角望去，视线可穿透洞口直达建筑内部，从而使这个以实墙面为主的沿街立面有了通透的深度和

层次感；而对于内部使用的人来说，则可以在中庭里通过这个洞孔望见城市的日常景象，得到一种"生活在城市中"的感受。

为了争取在 2.2 容积率的密度条件下安排所有校园设施，风雨操场及其他一些用房被设置在运动场之下，而图书馆和教工宿舍则被架于运动场之上。

校园主入口设置于基地东北角，利用基地西南边与东北角之间 3 m 的地坪高差，设置坡道加以引导。进入主入口后，人流可顺畅地到达二层半标高处，然后以此为基点，前往各楼层的教学区域。主入口之上的运动场

平台不但庇护着校前广场，而且其大尺度的姿态更是在城市空间中让校园的入口形象得到彰显。

一层平面图 1/800

二层平面图 1/800

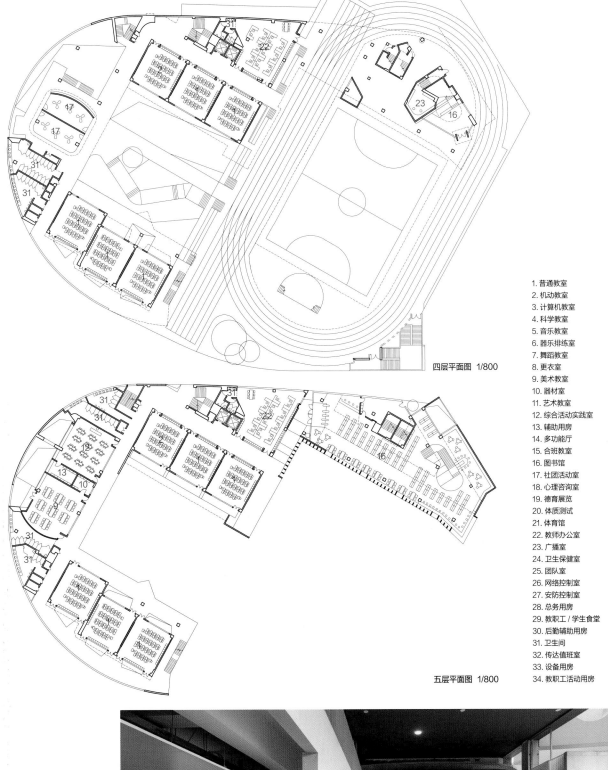

四层平面图 1/800

五层平面图 1/800

1. 普通教室
2. 机动教室
3. 计算机教室
4. 科学教室
5. 音乐教室
6. 器乐排练室
7. 舞蹈教室
8. 更衣室
9. 美术教室
10. 器材室
11. 艺术教室
12. 综合活动实践室
13. 辅助用房
14. 多功能厅
15. 合班教室
16. 图书馆
17. 社团活动室
18. 心理咨询室
19. 德育展览
20. 体质测试
21. 体育馆
22. 教师办公室
23. 广播室
24. 卫生保健室
25. 团队室
26. 网络控制室
27. 安防控制室
28. 总务用房
29. 教职工 / 学生食堂
30. 后勤辅助用房
31. 卫生间
32. 传达值班室
33. 设备用房
34. 教职工活动用房

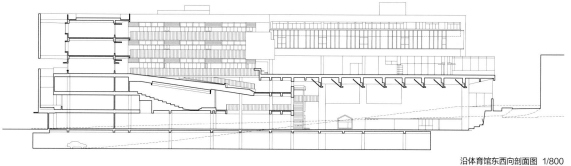

沿体育馆东西向剖面图 1/800

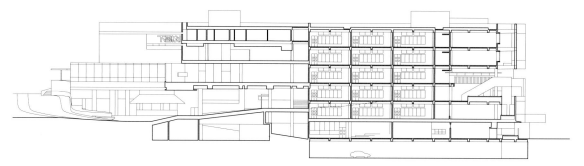

沿北侧教学楼东西向剖面图 1/800

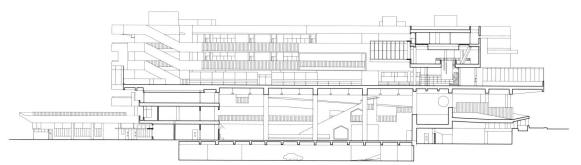

沿体育馆南北向剖面图 1/800

光明环境园

Guangming Environmental Park · Shenzhen, Guangdong

光明环境园为一家湿垃圾处理厂，位于深圳市光明区南部的一个山坳中，三面为山体所环绕，仅北侧面对深圳外环高速路开敞。一条下穿高速路的道路将厂区与城区连接起来。厂区由上海市政工程设计研究总院设计，博风建筑负责对外展示区域、内部办公区及厂区整体建筑形态的设计。按照工艺设计，主厂房为多种功能垂直叠置的紧凑布局，建筑地下三层，地上四层，并被设置于场地中部。厌氧罐区与气柜、火炬、沼气净化等设施被设置在基地南部的近山区域。我们的任务是配合市政院在主厂房、罐区与高速公路三者夹合的不规则区域中，设计主厂房配套的管理、生活用房，以及对外展示和参观用房。配套用房的主体紧贴方形平面的主厂房北角，呈"C"字形平面布局，尽量空出厂前区的入口广场，以便地面工作人流、参观人流和物流的组织和疏导。该主体建筑地面以上四层高，其东北面顺接着一个向北延伸的附属体量；其西端与基地中的山体相连；建筑外凸的弧面部分面对高速公路，在城市的公共区域中塑造出建筑独特的形象特征。建筑底层局部架空，设置门厅、综合处理车间的参观走廊以及员工倒班休息室等功能性用房；二层紧凑地布置着厂区内部办公用房和员工餐厅；三层主要为包裹在弧形立面中的展示大厅，其屋顶平台在连接山体的同时，通过台阶步道与入口广场相连；四层设置了可通览厂区运行情况的中控室以及可对外开放的咖啡厅，局部位于主厂房屋顶之上。宽敞的厂房屋顶平台可供人俯瞰整个厂区、远眺周围景色。四层屋顶与场地西南面高处山地相连，形成进入厂区的步行出入口。建筑四个层面的空间体验迥异。

1. 中控室
2. 无废科普教育中心
3. 环保咖啡厅
4. 室外平台
5. 入口架空走廊
6. 62m 标高园区次入口
7. 包厢
8. 绿植屋面
9. 员工餐厅上空
10. 档案室
11. 电控室
12. 51m 标高园区主入口

6

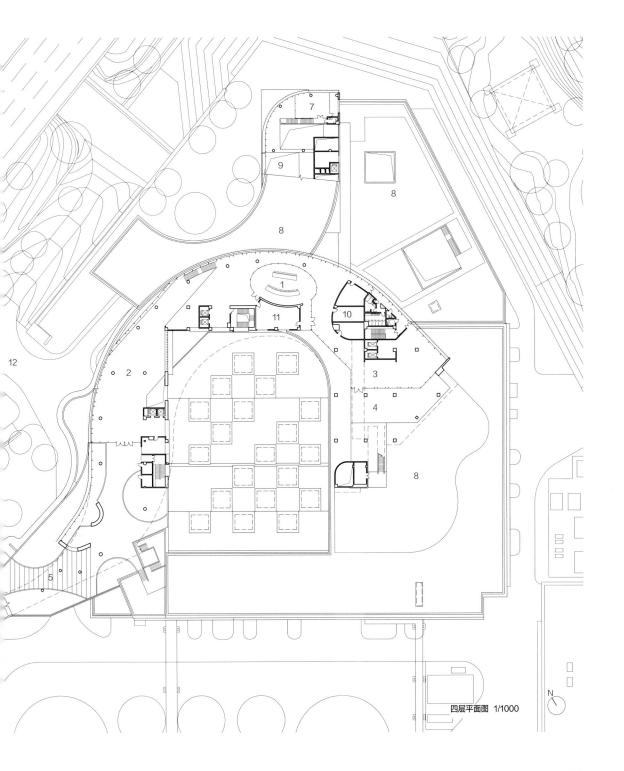

四层平面图 1/1000

N

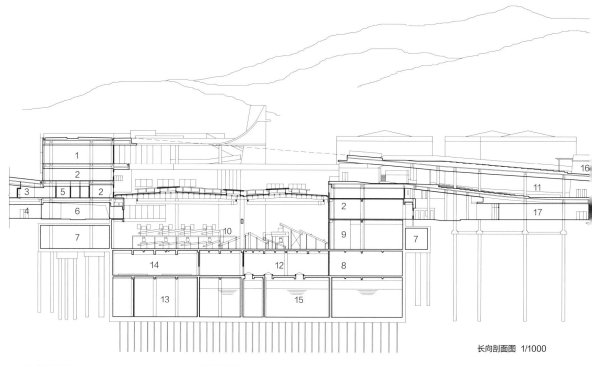

长向剖面图 1/1000

1. 无废科普教育中心
2. 办公区
3. 生活区与办公区之间的连廊
4. 倒班休息室
5. 卫生间
6. 机动车道
7. 物流通道
8. 配套用房
9. MCC 室
10. 综合预处理车间
11. 入口架空走廊
12. 设备通道
13. 膜处理罐区
14. 膜处理车间
15. 硝化池
16. 62.00m 标高园区次入口
17. 接待厅

重庆含谷学校群 重庆西部科学城 · 2022—
Chongqing Hangu School Campus
Western China Science City, Chongqing

2022年7月，博风建筑与重庆市设计院联合参加了共计79家建筑设计机构参与的、由重庆高新技术产业开发区管理委员会公共服务局主办的"西部（重庆）科学城未来校园设计国际竞赛第一季"国际设计竞赛，方案荣获第一名。竞赛的项目基地为西部（重庆）科学城一座山体公园旁的城市待开发用地，原状为山林地及农田；一条贯通其间的城市干道将基地划分为东、西两个地块。东地块135 000m²，现状高差31m；西地块46 000m²，现状高差26m。

该学校群由高中部、初中部、小学部、幼儿园以及各部共享的功能建筑组成，地面以上的建筑面积约190 000m²，

地下建筑面积为37 000m²。

设计将主要的教学功能设置在东地块。通过高架占地面积较大的两个运动场，以及在其下部设置风雨操场、食堂、游泳馆等功能的方式，在校园内腾出空地并形成一条南北走向的带状绿化。绿带南端为校园的一个主入口，绿带北端结合现状水系以及周边绿化形成了校园的另一个主入口。为延续场地丘陵坡地的现场感受，绿带的地坪标高结合地形由南至北逐渐下降，形成一道南北间高差9m的大坡。

绿带西南侧的原始地势较高，高中部与初中部的教学楼均设置于此处的台地上。其中，高中部位于南侧，

1. 高中部
2. 初中部
3. 小学部
4. 幼儿园
5. 宿舍区
6. 运动场（下设风雨操场和食堂）
7. 运动场（下设游泳馆设施）
8. 报告厅
9. 中学部图书馆
10. 小学部综合楼
11. 博雅楼（艺术教室群）

总平面图 1/6000

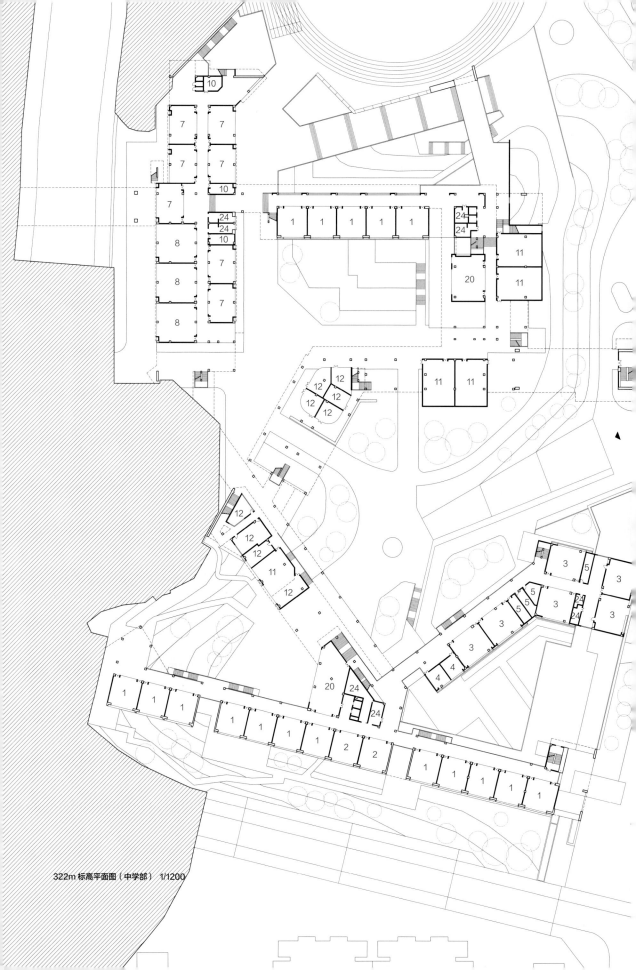

322m 标高平面图（中学部） 1/1200

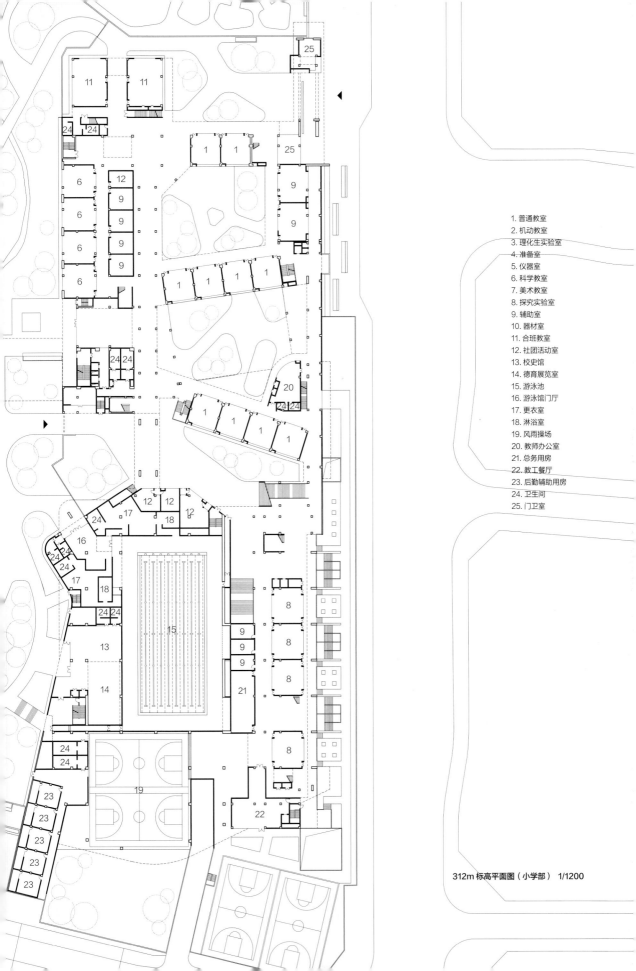

1. 普通教室
2. 机动教室
3. 理化生实验室
4. 准备室
5. 仪器室
6. 科学教室
7. 美术教室
8. 探究实验室
9. 辅助室
10. 器材室
11. 合班教室
12. 社团活动室
13. 校史馆
14. 德育展览室
15. 游泳池
16. 游泳馆门厅
17. 更衣室
18. 淋浴室
19. 风雨操场
20. 教师办公室
21. 总务用房
22. 教工餐厅
23. 后勤辅助用房
24. 卫生间
25. 门卫室

312m 标高平面图（小学部） 1/1200

330m 标高平面图（中学部） 1/1200

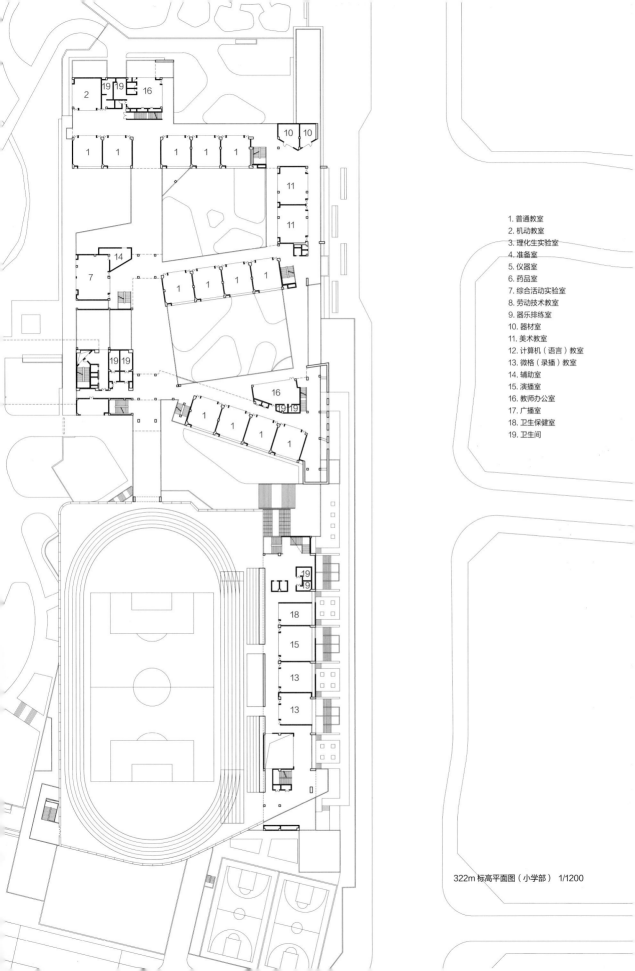

1. 普通教室
2. 机动教室
3. 理化生实验室
4. 准备室
5. 仪器室
6. 药品室
7. 综合活动实验室
8. 劳动技术教室
9. 器乐排练室
10. 器材室
11. 美术教室
12. 计算机（语言）教室
13. 微格（录播）教室
14. 辅助室
15. 演播室
16. 教师办公室
17. 广播室
18. 卫生保健室
19. 卫生间

322m 标高平面图（小学部） 1/1200

教学楼 K 字形体量的西侧开口围合着保留下来的现状小山丘；建筑第四层廊道直接连通小山丘上的路径，而第五层和第六层廊道则连通不同的屋顶平台。初中部位于高中部北端，建筑体量大致呈 C 字形；通过其北廊道和体量转角处，各层都有望向校园开阔绿带的视野。

为减少工程土方量，设计在绿带南侧和东侧低于周边道路的区域设置地库。在地库顶面平整的场地上，除部分为绿带外，主要设置小学部教学楼：这是一个反"S"形的体量，在其第三层紧邻绿带处，有一条宽9m、联系各个体量并同时与南部高架操场相连通的通道——它使人对第三层楼面有了一种类似"地面"的切身感受，这种感受辐射至建筑的第二层和第四层，并有效成为这栋教学楼的典型特征。

位于高中部教学楼裙房中的 400人中型报告厅、位于小学操场之下的游泳馆、校史馆，以及独立设置的 1200 人的大报告厅均沿着绿带布置——这是各个学部师生能够便利共享的设施。行政管理楼横跨绿带，架设在初中部与小学部教学楼之间，既方便校部人员对各个学部的管理，也使散布在场地中的校园建筑有了一个具有焦点感的形态意象。幼儿园设置在绿带北侧，以方便与绿带和城市道路的关联。

西地块主要为学生和教工的宿舍区。位于场地北侧的地下通道以及位于中部的双层天桥跨越城市道路将东西两个地块连接起来。初、高中部的图书馆位于西地块，并正对由东侧主校区方向通过来的天桥。图书馆不仅是教学区与宿舍区间的"功能转换枢纽"，而且由于它所处的较高地势，成为可以俯瞰整个校园的最佳去处。

基地东南侧山景及场地内保留小丘示意

上海生物能源再利用项目三期

上海浦东 · 2022—

Shanghai Bioenergy Reuse Project Phase III · Pudong, Shanghai

与光明环境园相同，该项目也是一家湿垃圾处理厂，与前者有所不同的是，这里增设了大容量的生物处理流线。项目由上海市政工程设计研究总院设计，博风建筑主要负责办公区以及对外参观展示部分的建筑整体形态设计，及其相关的动线组织、室内设计和园区景观设计。该园区位于围涂形成的滩涂地，地势平坦，之前占地 84 000m² 的一期建设、占地 129 000m² 的二期建设均已完成。一、二、三期建设园区由北至南沿西侧园区路依次展开。本项目属于三期建设，北侧隔资源化展示生态园及水道与二期园区相邻。基地南北向 484m，东西向 412m。

设计在基地南面设置员工与参观

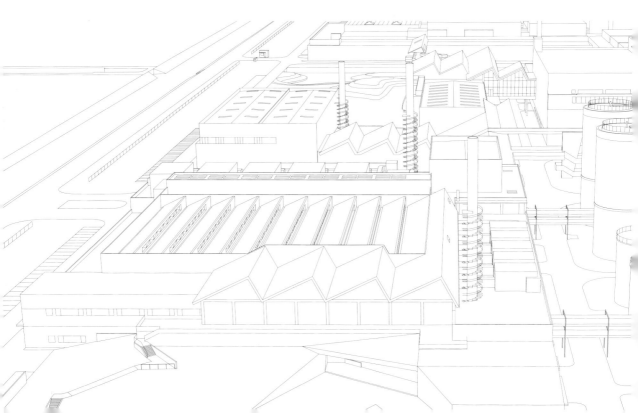

接待入口，参观流线自此至生态园共
400m 长，沿途可以看到展览与中控
演示区、综合预处理车间、厌氧罐群、
陈化车间、沼渣资源化车间、生物养
殖车间，直至生态园。按照不同的需
求，参观流线可以在不同区域结合园
区的景观节点随时终结。参观区域北
端设桥通往二期建筑，以保证内部工
作线路的畅通。

为了赋予面积相对有限的参观区
域一种宽敞的空间感受，设计将厂房
与参观区域的屋面处理成相似的折板
形式，以同构的手法让参观区域在视
觉体验上与厂房内部空间连成一体。
同时，设计利用屋面的周边出挑，形
成对公共区域的大尺度覆盖，以呼应
周边延绵的滩涂地景。

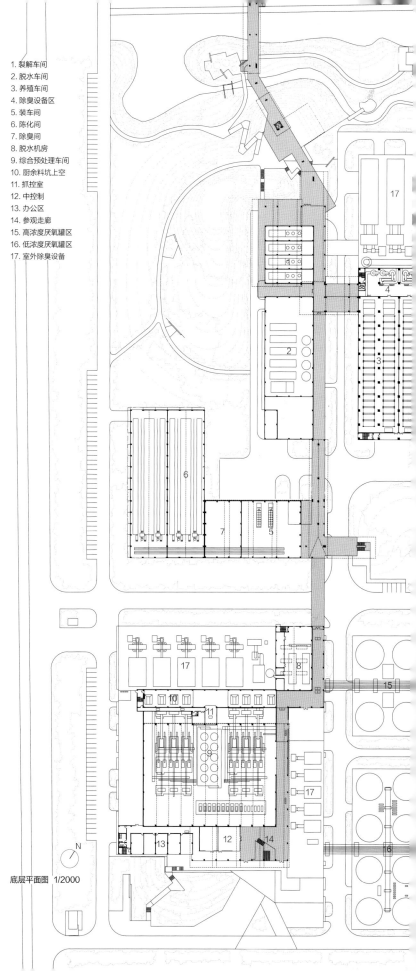

1. 裂解车间
2. 脱水车间
3. 养殖车间
4. 除臭设备区
5. 装车间
6. 陈化间
7. 除臭间
8. 脱水机房
9. 综合预处理车间
10. 厨余料坑上空
11. 抓控室
12. 中控制
13. 办公区
14. 参观走廊
15. 高浓度厌氧罐区
16. 低浓度厌氧罐区
17. 室外除臭设备

N

底层平面图 1/2000

建筑设计中的一些关联项 王方戟
Options of Correlation in Architectural Designs

把图纸发我看看

我们进入建筑学专业读书时是从平面构成和立体构成练习开始建筑设计学习的。这样的专业教育多少会让人在"建筑"与"形"之间画上等号。今天，虽然这种建筑基础教学形式已不是主流，但类似的教学思路依然常见。我认为，以形式美塑造及形态操控为建筑设计工作中最主要内容的想法目前还非常流行。在这种想法的作用下，有的建筑师认为建筑的使用者会全身心地关注建筑的"形"，因而会把设计工作的重心放在对形的处理上，并认为精彩的照片、表现图等二维图像就是一座"好建筑"的最佳证明。

2009 年年初，博风建筑设计的彩虹幼儿园刚建成时，我很想听到柳亦春的批评意见。正是抱着"图像是建筑设计最重要的元素，可以直白、完整地表达设计意图"的想法，我把由摄影师拍的一组建筑照片发给了他，希望他能通过这些照片对设计进行评论。然而，让我颇感意外：收到照片后，柳亦春最先的回复是："把图纸也发我看看吧，只有照片的话，我还看不懂。"我不禁想，要是颇有设计实践经验的专业人员凭照片对一座建筑的实际面貌都难以理解的话，那我们平时看了建筑照片就认为自己已经"理解"了的东西究竟是什么呢？现在想来那不是真的理解，只是一种对感觉自己已经欣赏到某种"美"的确认，而那种"美"应该类似从一张泰姬玛哈陵的经典正面照片上所欣赏到的"美"。泰姬玛哈陵在当代最主要的特征是它那可以被消费的外观形态——只要看图片，或者远远欣赏一下其外形，它的功能就基本已完成。从这个角度看，泰姬玛哈陵是建筑中的特例，与其说它是一座建筑，倒不如说它更像是一尊大型雕塑；而今很少有仅凭外形的雕塑感就能成立的建筑了。

由于照片、表现图这类图像很难还原建筑的真实情况，对于专业人员来说，要理解一座建筑，必须同时通过图纸对建筑进行具有技术及尺度关系的三维想象，要在图像与图纸间的来回比对中去阅读、理解。这应该就是柳亦春当时向我要图纸的主要原因吧。常规的图纸除了有准确的尺寸，可用以切实判断建筑的尺度之外，它们还可以展示出结构、流线、功能安排等多方面的技术设计。"把图纸也发我看看"的催促让刚步入设计实践的我意识到，设计不仅是对建筑内外形态的塑造，其后还有很多层次的专业思考。无论是建筑造型还是其内部空间形态都无法孤立存在，它们需要与结构、构造、设备、功能组织及流线组织等产生关系；如果涉及施工、造价等事项的话，形态需要顾及的关系因素就更多了。虽然在建筑设计中，形态操控是一个基本手段，但设计如果视之为单一项并一味推进，而不及时考虑形态与技术的关联的话，这样设计出来的形态从专业角度来评判也会给人感觉非常单调的吧。

设计建筑本身

建筑学专业学习是一个对建筑设计及其相关理论逐渐认识的过程。从形式上看，理论部分可分为两类：一类是将专业知识拆分后，以课程的形式分门别类传授给学生的内容，诸如建筑历史、建筑构造、建筑结构、建筑物理等；另一类是在围绕建筑设计的课程操练中，通过与师长及伙伴们的专业交流，经由学习者自我整合后形成的理论性认识，包括对设计理念、形态处理原则、环境处理手法、功能排布、流线及平面关系、结构秩序，空间逻辑、历史知识及案例借鉴等各方面内容的理解。这个整合的过程在每个人的内心逐渐发展，虽然因人而异，但在一个接受同类专业教育的团体中存在一定的共识。

通常，设计实践被认为是在建筑理论指导下完成的；但在多年实践后，我发觉，那些需要理论解释才能成立的设计项目，当把理论悬置起来并以一个常人的直观感受去体验时，却常常干巴巴地没什么趣味。理论上成立的建筑世界，现实中不一定能得到常人直观感知的认同。理论引导的世界与身体感知的世界之间为什么会有这层隔阂呢？伊东丰雄说过的一句话也许是对此的回应："读书时一直以为建筑设计是用理论来思考的，进入事务所实践后才深刻地体会，理论思考是撑不住两三天的，在那里我学会要用身体来思考，不能只停留在细节或材质上，而是要从设计建筑本身这样的层级来看，这可以说是我思考建筑时最大的精神食粮。"[1]通过专业学习获得的理论认识，会帮助建筑师处理诸多技术上的问题；但是，如果当涉及设计中与他者体验相关的事情时，不加辨析地引用这些理论认识的话，可能会将它们的作用放大，从而使他者的实际体验难以全面有效地进入建筑师的视野。伊东丰雄"设计建筑本身"的说法指的是做建筑设计时，建筑师的思想跳脱被理论制约的状态。建筑师要避免让设计成为缺乏对他者真情实感，或者说"身体"进行回应的纯观念结果。建筑设计不应该仅仅是"科学推导"的结果，建筑与人体验之间的关联是建筑师需要考虑的重要内容。对此，不同的建筑师有不同的思考和应对策略。

人对周围环境的感知是经个人意识对包括建筑在内的很多信息整合后的综合认识，因而使用建筑的时候，人们一般不会主动将建筑与非建筑因素（如外围环境、建筑上的装饰、建筑中的物件等）在意识中区分出来并分头去感知。建筑的形态常常是混杂在诸多因素中，在一个信息多样复杂的范畴中被人们体验的；因此，建筑形态往往不会被使用者所聚焦。那么在建筑设计中，除了形态外，还有什么其他营造体验感的手法呢？

"尺度操控"是其中的设计手法之一。尺度操控不仅仅指大小空间的搭配，它更是通过对与人身体有较强关系的空间边界或建筑构件的设定，让人在无意识中体验自己与建筑空间间关系的一种设计手法。这种手法调动的是人的原始身体直觉。相较需要让使用者关注并聚焦于建筑形态，然后对其观察到的视觉图像进行审美判断（这里涉及文化认同的话题，在此不展开），最后生成感受

1. 日本日经 BP 社日经建筑. 伊东丰雄（NA 建筑家系列 2）. 龚婉如译.
北京：北京美术摄影出版社，2013: 256.

的那种体验来说，这种在无意识中得到的身体感受更直接并接近大多数人的通感，也是可以凭借设计手法把控的。

人在建筑中会停歇，也会在不同房间、楼层以及建筑内外穿梭，因而很多时候，建筑是在人的游走过程中被体验的——这比某个角度的"静态空间画面"更接近人在真实状态下的实际感知。为此，很多建筑师在设计中重视动线组织及其与空间形态之间的关系。将这种关系作为设计主线的方法可称之为"动线法"。对于很多类型的建筑来说，动线法在将空间及功能组织起来的同时也使人获得了丰富的体验：它不是以建筑在人视觉中的意象为单一线索；人在游走中获得的体验叠加了时间、空间深度、身体体位感知等诸多因素，其中有些因素已超出形态设计可控的范围，在设计中预留空白，让人在建筑中的体验更为自由、多义。

很多建筑师逐渐认识到，建筑的"好坏"不能完全以建筑学内部的标准来衡量，建筑被使用的状况——现实中，建筑与人的确切关系是另一个重要衡量标准。这是建筑被使用并与各种条件相互磨合后，人与建筑之间的关系逐渐稳定后的一种状态。设计之初，如果仅仅满足甲方功能设定的任务书要求话，后期的建筑是很难达到这种状态的；因此，有一种设计方法是，通过对建筑被使用现实状况的观察，总结出相应的功能 - 空间组合类型，并将此引进设计中。这种在功能设置上以反向推导来寻求设计答案的方法，是让设计给大多数人带来有效体验的重要途径之一。拉斐尔·莫内欧（Rafael Moneo）曾提到一种以当代都市人为"模特"、让设计出的建筑可以自然与其生活方式相匹配的面向现实性的设计方法 [2] 正是一个实例。

在建筑设计实践中，既不能没有相关理论的支撑，又不能完全被理论所制约，其中如何确立大多数人的体验与设计间的关联、平衡理论在设计中介入的程度是非常重要的一项内容。对此，不同的建筑师以不同的方式进行响应。

舔过的混凝土

20 世纪 50 年代，西班牙建筑师亚历杭德罗·德·拉·索塔 (Alejandro de la Sota) 在柏林遇到勒·柯布西耶，听到他在看过自己的项目工地后对媒体记者抱怨说，想放弃对那座建筑的署名权——其原因是德国的工人过于追求完美，让混凝土看起来好像是被"舔过的"一般，而这种工程习惯"毁掉"了他项目的特质 [3]。当时正是柯布西耶开始在昌迪加尔做规划、其设计的大型建筑在印度相继落成的年代，他也许认为，相较德国"精致的"建造文化，印度的粗放风格与其设计更为匹配吧。从他的抱怨可以看出，对于很多建筑师来说，建造体系、建造方式以及建造精度等没有统一的、绝对的好坏标准；精度高的建造不一定优于精度低的建造，建造文化与建筑设计理念之间的适配度才是他

2.MONEO R. Theoretical Anxiety and Design Strategies in the Work of Eight Contemporary Architects. Cambridge: MIT Press, 2005: 313.

3.DE LA SOTA A. Alejandro de la Sota, Arquitecto. Madrid: Ediciones Pronaos, S.A. 2003: 227.

们考虑的主要事情。那么，在这样的建造文化关联框架中，怎样理解中国传统木构体系呢？

　　中国传统木构体系现在虽然已经不再流行，但在国内部分地区还在延续使用，各个地区的建造市场上也依然活跃有相应的承建商。博风建筑最近完成的汇福堂的主结构采用了传统木构体系，次结构为钢筋混凝土框架体系。这座建筑木构部分的交接细节基本交由工匠按经验完成。与其他建造体系的常规做法相比，这样施工完成的建筑在细节方面不能说精致，但靠建造体系顺应传统完成的节点既有建造意义，又让建筑内部的细节感更为丰富、建筑与周围的乡村环境更加融合。这种效果靠其他结构体系很难获得。钢筋混凝土结构与传统木构在精度、构造处理、形态上都不同，主次两种结构体系在这座建筑中"纠缠"在一起，不但解决了其特有的结构及构造问题，也让使用者得到特有的体验。通过这类项目，我们看到中国传统建造体系及相关建造文化并不只是一个形态符号，对于当代建筑实践来说，它吸引人之处不仅在其形态、材料或细节，更在于作为与工业化体系相异却依旧具有生命力的体系，它可以以一种新的方式延续和发展。这得益于当代中国不同建造文化并存的杂糅状态——在某些特定的情况下，它们也能很好地与当代建筑设计关联起来。

　　不同地区有不同的建造文化，每个地区的建造在不同时代也具有不同特征。在本书即将成稿时，博风建筑通过设计竞赛参与了两所中小学项目的设计。由于校园设计规模、规范以及经济条件等的变化，新中国成立后的中小学校园大致经历了从早期的单层院落式建筑，到与操场邻接的多层建筑，再到操场与多层教学楼分设类型的发展过程。及至当代，中小校园建筑的形制已基本稳定：一般教学楼都会布置成行列式，并在楼栋之间设置连廊，建筑整体布局多为"E"字或"王"字形；伴随日益增长的多样化功能要求和用地紧张，校园建筑密度不断提高，将运动场架空，在其下部设置食堂、风雨操场、车库等功能性用房的做法逐渐成为目前国内业界的常态。通过这两所中小学的设计实践，我们意识到，新校园不应是校园空间类型与扩容权宜、粗略的结合，时下设计条件可以给校园建筑带来很多新的特征，例如运动场被抬高并加以处理后，相应的楼层会产生一种近似"地面"的感觉，从而使这层楼及其上下楼层都会产生一种新的使用体验，多层教学楼由于标准层叠置所产生的乏味感也会因此被减弱。校园中很多功能用房与普通教室要求的层高不同，结合可能的地形高差，在建筑中可以产生楼层的错位关系。利用好这个条件，并采用动线设计的方法，能使校园内部不同空间之间连续且富有流动感。被抬高的运动场等设施还可形成以往校园少有的大尺度空间，无论在形态还是在规模上，它们都成为校园新特征的活跃因素，例如结合这些高大的挑空楼板设计校门形象、利用由此产生的大空间与常规教学楼空间的尺度反差塑造特有的校园空间体验、利用这些大尺度构件与其下部其他功能房间平面上的错位关系形成趣味感等。

　　对于建造活动来说，文化性问题与时代性问题相伴而生。与中小学校园建筑相似，针对不同类型建筑设计中的相关问题都可以积极辨析，并将捕捉到的新关系在设计中予以物化。对这些问题的响应可成为设计思考的主要内容。建筑设计可以以此摆脱现有套路的束缚，探索不同类型建筑的新发展。

关联的证明

今天，建筑项目一般都是由很多不同领域的专业人员共同完成的，除了设计机构内的各个工种外，还需要管理、施工、运营等方面的技术人员相协助。尤其一些大型建筑，由于大多数领域已经有相关专业人员把控，建筑师只需要负责建筑形态及内部布局的部分。这意味着建筑师的责任逐渐变小，对于项目的整体贡献也越来越小。随着工业化建造水平的发展，建造分工越来越细——这样的情况还会持续，那么，建筑学专业存在的理由是不是越来越不足呢？

为了彰显专业存在的意义，各个地区都有建筑师在设计中采用简明易懂的形态，并积极利用媒体把这些形态以图像的方式向公众展示，争取社会更多的理解。容易理解的图像也许能引起很多人感情上的共鸣，并迅速取得效果；但正像本文伊始的阐述，这种"理解"只是一种片面的认识，它不但是表层的，甚至可能存在很大程度上的曲解。我认为，今天建筑学专业的价值在于利用其在专业工作程序中可纵观全局的优势，带领项目走出由技术分工过细带来的设计缺乏整合性创新的困境。为迎合公众所谓的"理解"而推动设计不断向形态操作方向发展，是向由行业理念定义的专业"堡垒"内的退缩。即使这些操作在短期内能获得一些效果，但从长远来看，这样的设计成果在社会价值评价中难免会被逐渐边缘化。

综上，本文探讨了在建筑设计中将形态设计与对不同技术介入的考虑关联起来、将对使用者完整体验的考虑引进设计之中、发掘具体建造文化及时代要求带给当代建筑的新意义等问题。这些与建筑设计相关的思考不仅涉及形态表现，更能通过设计实践让建筑师在专业交错的复杂关系中完成整合性把控，由此形成的设计成果不仅有利于建筑师在工作中有效利用各方资源，也为他们向当代社会展示自己的思想及理念提供了机会。

本书收录了博风建筑从2011年开始至今建成以及还在推进中的20个（组）项目。虽然每个项目都有不同的设计概念，但在其设计过程中都多少融合了与所述"关联"相关的思考。回想起来，虽然很难说从一开始这样的思考出自一种"自觉"，但在多年的实践过程中，我们对此的认识逐渐清晰。设计中的这些关联项常常让我们得以从形态操作的单一思维状态脱身，在更宽的视野中为设计找到突破点，也给繁杂的建筑设计工作增加了很多乐趣。鉴于此，书中所记录的实践及思考应该可以被看作是对关联的证明吧。

上海博风建筑设计咨询有限公司
合伙人 / 主持建筑师
同济大学建筑系 教授

引文（有修改）来源

20-27　王方戟，伍敬．公园中的建筑——上海嘉定远香湖公园内建筑设计体会．时代建筑，2012(1)：82-87.

28-35　同上。

36-43　王方戟，伍敬．桂香小筑——上海嘉定新城远香湖公园中的公共厕所．时代建筑，2013(5)：106-111.

44-49　王方戟，游航．被风景环绕的房子中的风景——"环轩"设计解析．西部人居环境学刊，2016(2)：109-116.

50-61　王方戟，肖潇．现实与实现——瑞昌石化办公北楼设计．建筑学报，2014(6)：48-51.

62-77　王方戟，董晓．骨架与体验——山间旅舍"七园居"建筑改造设计．建筑学报，2017(3)：56-59.

78-92　坂本一成，奥山信一，郭屹民，等．即物的便宜主义．建筑技艺，2021(11)：94-105.

94-101　王方戟，董晓，游航．被重组的资源——嘉兴"悠游堂"建筑改造设计．时代建筑，2019(3)：98-103.

102-111　王方戟，董晓，杨剑飞．修正近似值——观鸟塔及科普馆综合体"鹮环"建筑设计．建筑学报，2019(11)：58-62.

112-117　王方戟，游航．疑似定局场——安德森纪念藏书室室内改造设计．时代建筑，2020(3)：118-123.

118-133　王方戟，董晓，袁烨．欲望的合理化——山村旅舍"田畈里"建筑设计．建筑学报，2021(1)：85-90.

150-165　王方戟，董晓，黄杨．藏着平顶的坡顶房子——浙江德清湿地公园茶室洞天寮建筑设计．时代建筑，2022(6)：82-87.

166-169　王方戟，黄杨．建筑设计中的基本命题——公园中的公共卫生间幽篁亭设计．时代建筑，2021(6)：98-103.

170-175　王方戟，黄晓童，肖潇．两组常规建造体系的重组：上海章堰汇福堂建筑设计．时代建筑，2022(2)：118-123.

176-189　王方戟，袁烨，董晓．山村旅社"两只土拨鼠"建筑设计．建筑学报，2022(12)：70-75.

190-191　王方戟，肖潇．有建筑的围墙，有围墙的街道：武康路及周边片区围墙形态提升设计．华建筑，2017(5)：70-75.

彩虹幼儿园

地点：浙江舟山
类型：幼儿园
设计：2007 年
竣工：2008 年
规模：6518 m²
合作：深圳市都市建筑设计有限公司
　　　上海水石景观环境设计有限公司（景观）
业主：浙江邦泰置业有限公司

绿地威科国际

地点：上海普陀区
类型：办公 / 商业
设计：2007 年
竣工：2010 年
规模：34 000 m²
合作：上海现代华盖建筑设计有限公司
业主：绿地控股集团有限公司

悠游堂

地点：浙江嘉兴
类型：办公 / 展厅（改造）
设计：2008 / 2017 年
竣工：2009 / 2017 年
规模：1250 m²
业主：嘉兴丽豪制衣有限公司

武康路 / 永福路街道界面更新

地点：上海徐汇区
类型：街道空间更新
设计：2009 年
竣工：2011 年
合作：上海泛格规划设计咨询有限公司
业主：上海市徐房（集团）有限公司

复星大厦立面改造

地点：上海黄浦区
类型：办公（立面改造）
设计：2009 年
竣工：2010 年
规模：15 000 m²
合作：中国建筑东北设计研究院有限公司
　　　上海凯腾幕墙设计咨询有限公司
业主：复地（集团）股份有限公司

中星创意园

地点：上海松江区
类型：办公 / 居住 / 商业
设计：2009 年
竣工：2011 年
规模：72 514 m²
合作：上海中星志成建筑设计有限公司
业主：上海龙宁房地产开发有限公司

大顺屋

地点：上海嘉定区
类型：公园驿站
设计：2009 年
竣工：2011 年
规模：450 m²
合作：上海现代华盖建筑设计有限公司
业主：上海嘉定新城发展有限公司

带带屋

地点：上海嘉定区
类型：餐厅
设计：2009 年
竣工：2011 年
规模：576 m²
合作：上海现代华盖建筑设计有限公司
业主：上海嘉定新城发展有限公司

桂香小筑

地点：上海嘉定区
类型：公共卫生间
设计：2009 年
竣工：2012 年
规模：109 m²
合作：上海现代华盖建筑设计有限公司
业主：上海嘉定新城发展有限公司

山雨村

地点：四川成都
类型：商业＋办公
设计：2009 年
竣工：2011 年
规模：2826 m²
合作：成都基准方中建筑设计事务所
业主：成都青羊城乡建设发展有限公司

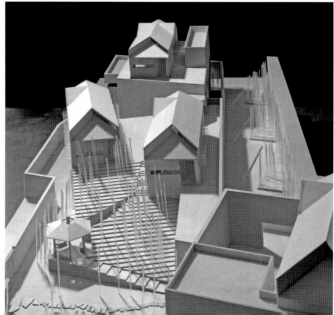

瑞昌石化办公楼

地点：河南洛阳
类型：办公
设计：2011 年
竣工：2013 年
规模：10 997 m²
合作：河南智博建筑设计有限公司
业主：瑞昌石油化工化工设备有限公司

环轩

地点：上海浦东新区
类型：会所（改造）
设计：2012 年
竣工：2013 年
规模：1680 m²
合作：中国建筑东北设计研究院有限公司
业主：浙江邦泰置业有限公司

瓷堂

地点：上海徐汇区
类型：展厅
设计：2013 年
竣工：2013 年
规模：346.5 m²
合作：同济大学建筑设计研究院（集团）有限公司
　　　（设计主持）
业主：上海西岸建筑与当代艺术双年展

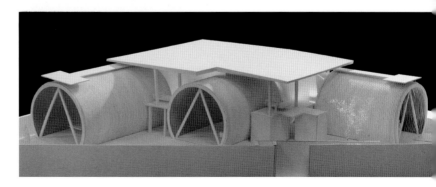

林中小屋

地点：河南洛阳
类型：办公 + 居住
设计：2014 年
规模：510 m²
业主：瑞昌石油化工化工设备有限公司

华墅村民宅改造

地点：江苏南京
类型：办公 / 社区活动（改造）
设计：2014 年
业主：上海东联设计集团

拾阶谷

地点：浙江德清
类型：旅馆
设计：2014 年
竣工：2018 年
规模：2000 m²
合作：课间设计
　　　谢华店（结构）
　　　朗绿机电设计咨询有限公司
业主：课间度假酒店管理有限公司

第一上海中心园区改造

地点：上海浦东新区
类型：办公（改造）
设计：2015 年
竣工：2015 年
规模：20 465 m²
合作：阿科米星建筑设计事务所（设计主持）
业主：上海华鑫置业有限公司

1-2-1 亭

地点：上海浦东新区
类型：景观构筑物
设计：2015 年
竣工：2015 年
规模：12 m²
合作：阿科米星建筑设计事务所（设计主持）
　　　上海源规建筑结构设计事务所（结构）
业主：上海华鑫置业有限公司

七园居

地点：浙江德清
类型：民宿（改造）
设计：2015 年
竣工：2016 年
规模：645 m²
合作：高戈（结构）
　　　杨国亮（软装）
业主：西璞民宿

凤翔山庄

地点：浙江德清
类型：旅馆（改造）
设计：2015 年
规模：1400 m²
合作：上海源规建筑结构设计事务所（结构）
业主：私人业主

鹭棚

地点：上海浦东新区
类型：公园大门
设计：2016 年
规模：900 m²
合作：张准（结构）
业主：上海浦发生态建设发展有限公司

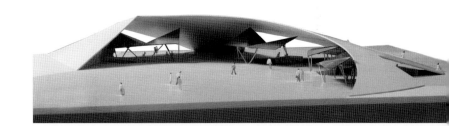

水北民宿

地点：浙江德清
类型：民宿
设计：2016 年
规模：500 m²
业主：浙江德清县新市镇水北村经济合作社

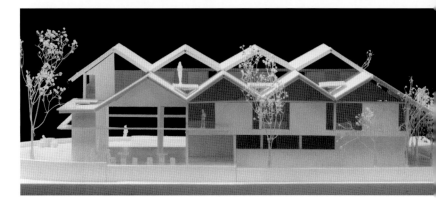

石泉路改造

地点：上海普陀区
类型：街道空间更新
设计：2016 年
竣工：2018 年
合作：上海骏地建筑设计事务所股份有限公司
业主：上海市普陀区石泉路街道

飞书记

地点：上海浦东新区
类型：展台
设计：2017 年
竣工：2018 年
业主：同济大学出版社

伍宅

地点：浙江德清
类型：居住（室内设计）
设计：2017 年
竣工：2018 年
规模：167 m²
业主：私人业主

王宅

地点：浙江德清
类型：居住（室内设计）
设计：2017 年
竣工：2018 年
规模：211 m²
业主：私人业主

福州高宏教育教学楼改造

地点：福建福州
类型：学校（改造）
设计：2017 年
竣工：2018 年
规模：3090 m²
业主：福州高宏教育

鹳环

地点：浙江德清
类型：观鸟塔 + 博物馆
设计：2017 年
竣工：2019 年
规模：799 m²
合作：常熟天和建筑设计有限公司
业主：德清县下渚湖湿地旅游发展有限公司

百穗桥

地点：上海青浦区
类型：步行桥
设计：2017 年
竣工：2019 年
规模：跨度 75.6 m
合作：致正建筑工作室（设计主持）
　　　上海源规建筑结构设计事务所（结构）
　　　华东建筑设计研究院有限公司市政工程设计院
业主：上海淀山湖新城发展有限公司

田畈里

地点：浙江德清
类型：民宿
设计：2017 年
竣工：2020 年
规模：560 m²
合作：高戈（结构）
业主：田畈里民宿

洞天寮

地点：浙江德清
类型：公园茶室
设计：2017 年
竣工：2020 年
规模：3000 m²
合作：常熟天和建筑设计有限公司
　　　上海三罕建筑工程设计有限公司（结构）
业主：德清县下渚湖湿地旅游发展有限公司

幽篁亭

地点：浙江德清
类型：公共卫生间
设计：2017 年
竣工：2020 年
规模：85 m²
合作：常熟天和建筑设计有限公司
　　　上海三罕建筑工程设计有限公司（结构）
业主：德清县下渚湖湿地旅游发展有限公司

玉镜台

地点：湖北武汉
类型：公园大门
设计：2018 年
竞赛：入围
业主：武汉市东湖生态旅游风景区听涛管理处

安德森纪念藏书室

地点：上海杨浦区
类型：图书室（室内设计）
设计：2018 年
竣工：2019 年
规模：45 m²
业主：同济大学建筑与城市规划学院

蝴蝶馆

地点：浙江德清
类型：公园暖房
设计：2018 年
竣工：2019 年
规模：160 m²
合作：常熟天和建筑设计有限公司
业主：德清县下渚湖湿地旅游发展有限公司

汇福堂

地点：上海青浦区
类型：书店
设计：2018 年
竣工：2021 年
规模：139 m²
合作：同济大学建筑设计研究院（集团）有限公司
　　　上海浚源建筑设计有限公司
　　　巢羽设计事务所（室内）
业主：上海市青浦区章堰村村民委员会

行云阁

地点：上海青浦区
类型：会议中心
设计：2018 年
竣工：2023 年
规模：1722.3 m²
合作：同济大学建筑设计研究院（集团）有限公司
　　　上海浚源建筑设计有限公司
业主：上海市青浦区章堰村村民委员会

无锡棉麻厂园区改造

地点：江苏无锡
类型：办公＋商业（改造）
设计：2019 年
竣工：2019 年
规模：14 500 m²
合作：上海玠钰建筑设计咨询有限公司（设计主持）
业主：江苏乐运体育文化发展有限公司

地点：上海徐汇区
类型：变电站＋厕所（改造）
设计：2019 年
竣工：2020 年
规模：300 ~ 400 m²
合作：上海泛格规划设计咨询有限公司
业主：徐汇区建设和交通委员会

徐汇区三座变电站改造

北京师范大学师生服务中心

地点：北京海淀区
类型：办公（改造）
设计：2019 年
规模：960 m²
合作：同济大学建筑设计研究院（集团）有限公司
业主：北京师范大学

北京师范大学学生 10 号、11 号宿舍改造

地点：北京海淀区
类型：宿舍（改造）
设计：2019 年
竣工：2021 年
规模：8246 m²
合作：同济大学建筑设计研究院（集团）有限公司
业主：北京师范大学

艾汇制衣厂改造

地点：浙江嘉兴
类型：展厅（改造）
设计：2019 年
竣工：2021 年
规模：1244 m²
业主：嘉兴艾汇时装有限公司

长乐 / 五原 / 湖南路街道界面更新

地点：上海徐汇区
类型：街道空间更新
设计：2019 年
竣工：2021 年
合作：上海泛格规划设计咨询有限公司
业主：上海市徐汇区人民政府湖南路街道办事处

两只土拨鼠
地点：浙江德清
类型：民宿
设计：2019 年
竣工：2022 年
规模：916.6 m²
合作：李江云、张伟、朱颖、朱江（建筑），彭超、
　　　戴博（结构）
业主：两只土拨鼠民宿

长桥邻里中心

地点：上海徐汇区
类型：社区中心 + 保障房
设计：2019 年
规模：11 133 m²
合作：上海玠钰建筑设计咨询有限公司（设计主持）
　　　上海柏涛建筑设计咨询有限公司
　　　上海天华建筑设计有限公司
业主：上海地产（集团）有限公司

三角幼儿园

地点：上海徐汇区
类型：幼儿园
设计：2019 年
规模：5565 m²
合作：上海玠钰建筑设计咨询有限公司（设计主持）
　　　上海天华建筑设计有限公司
业主：上海地产（集团）有限公司

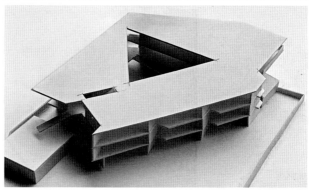

北京师范大学南校门

地点：北京海淀区
类型：校门
设计：2020 年
竣工：2022 年
规模：165 m²
合作：同济大学建筑设计研究院（集团）有限公司
业主：北京师范大学

西塘谷粒集市

地点：浙江西塘
类型：餐厅
设计：2020 年
竣工：2020 年
规模：396 m²
合作：朱胜萱（上海）建筑景观设计有限公司
　　　上海几言设计研究室（室内）
　　　上海三罕建筑工程设计有限公司（结构、机电）
业主：浙江嘉善西塘镇政府

西塘双创中心

地点：浙江西塘
类型：办公＋商业
设计：2020 年
竣工：2020 年
规模：1717.5 m²
合作：朱胜萱（上海）建筑景观设计有限公司
　　　上海几言设计研究室（室内）
　　　上海三罕建筑工程设计有限公司（结构、机电）
业主：浙江嘉善西塘镇政府

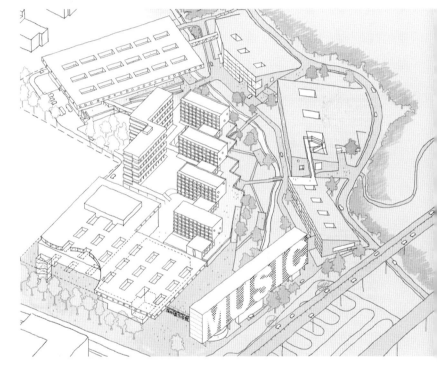

深圳音乐学院

地点：深圳龙岗区
类型：学校
设计：2020 年
规模：129 722 m²
竞赛：入围候选
合作：上海三益建筑设计有限公司
业主：深圳市建筑工务署工程设计管理中心

风徐来竹扇厂改造

地点：浙江德清
类型：办公＋展览（改造）
设计：2020 年
竣工：2021 年
规模：200 m²
合作：高戈（结构）
业主：德清县兴怡泰工艺品有限公司

光明环境园

地点：深圳光明区
类型：垃圾处理厂
设计：2020 年
规模：64 981 m²
合作：上海市政工程设计研究总院（集团）有限公司
第五设计研究院（设计主持）
业主：深圳光明深高速环境科技有限公司

天台山太平寺

地点：浙江天台
类型：寺院
设计：2021 年
规模：6000 m²
合作：上海藤源建筑设计有限公司
业主：天台山高明寺

立雪小学

地点：深圳龙岗区
类型：小学
设计：2021 年
竣工：2023 年
规模：27 615 m²
竞赛：一等奖
合作：香港华艺设计顾问（深圳）有限公司
业主：深圳市龙岗区建筑工务署

深圳坪地文体中心

地点：深圳龙岗区
类型：文体中心
设计：2021 年
规模：71 890 m²
竞赛：入围
合作：重庆大学建筑规划设计研究总院有限公司
业主：深圳市龙岗区建筑工务署

重庆含谷学校群

地点：重庆西部科学城
类型：幼儿园 + 小学 + 中学
设计：2022 年
规模：237 260 m²
竞赛：一等奖
合作：重庆市设计院有限公司
业主：重庆高新开发建设投资集团有限公司

上海生物能源再利用项目三期

地点：上海浦东新区
类型：垃圾处理厂
设计：2022 年
规模：45 065 m²
合作：上海市政工程设计研究总院（集团）有限公司
　　　第五设计研究院（设计主持）
业主：上海城投（集团）有限公司
　　　上海城投老港基地管理有限公司
　　　上海老港固废综合开发有限公司

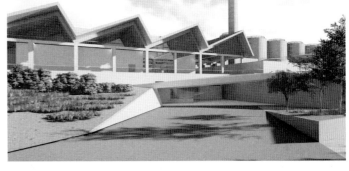

荷翠路小学和社区中心

地点：上海浦东新区
类型：社区中心 + 小学
设计：2022 年
规模：34 025 m²
竞赛：一等奖
业主：中国（上海）自由贸易试验区临港新片区
　　　管理委员会

布吉半山学校

地点：深圳龙岗区
类型：九年一贯制学校
设计：2022 年
规模：45 578 m²
竞赛：中标候选
合作：上海体集建筑设计有限公司
业主：深圳市龙岗区建筑工务署

留仙七街坊配套学校

地点：深圳南山区
类型：九年一贯制学校
设计：2023 年
规模：59 779 m²
竞赛：入围候选
业主：深圳市南山区建筑工务署

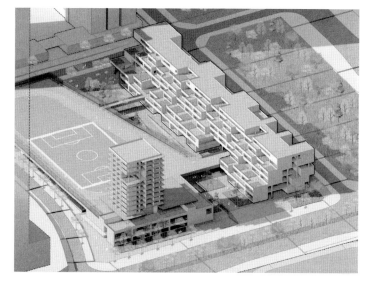

三高北侧学校

地点：深圳龙岗区
类型：九年一贯制学校
设计：2023 年
规模：51 413 m²
竞赛：中标候选
合作：研山建筑设计（上海）有限公司
业主：深圳市龙岗区建筑工务署

桃源小学改扩建

地点：深圳南山区
类型：小学
设计：2023 年
规模：34 418 m²
竞赛：二等奖
业主：深圳市南山区建筑工务署

摄影信息

陈灏：81，85（上），88；

常文雨：239（上）；

杜星：143；

董晓：69，152，169（下），229（上），233（上）；

邓希帆：202，204—205（下）

黄杨：护封，119，201（上），235（上）；

黄昕佩：236（中下）；

吕恒中：21，22—23，24（上），26—27，29，30，31，33（上），34—35；224（上）；

李江云：177（上），179（下），183；

陆少波：140；

石磊：145；

田方方：64，84（中）；

碳普洱：0—1，24（下），25，28，33（下），36，39，40，41，43，44，45，47，48，49，63，66—67，70，71，72，73，74，75，76，77，95，97，99（上），99（下），100—101，103，108—109，110（上），111，121，128—129，130，132（下），133（上），146，149，151，153，154—155，156，158—159，160—161，162，163，164，165，167，168，169（上），174，175，177（下），178，179（上），184—185，186，187（上左），187（上右），187（中左），188（上），188（中），189，191（上左），191（上右），191（下），193，224（下），225（上），227（中上），228（中上），228（下），231（中上），231（中下），231（下），235（中上），235（下）；

唐徐国：187（下左），187（下右），188（下）；

唐煜：123，126—127，131；

王方戟：8，83，84（左），84（右），87，91，92，94，112，135，138，213，225（中上），225（中下），226，227（中下），232（上），232（中上），233（下），236（中上），237（下）；

王毛真：201（中）；

谢冲：240（中）；

肖潇：18，20，37，51，52，53，54，55，58—59，60，65，85（下），106—107，110（中），118，132（上），133（下），170，171，172，173，191（上中），192，194，195，196，197，199，200，225（下），227（上），227（下），228（中下），229（中下），229（下），230，231（上）、233（中），234（中），235（中下），236（上），236（下），238（下），239（中下）；

游航：42，113，115，116，117，187（中右），232（下）；

杨剑飞：99（中），105，110（下），237（上）；

袁烨：234（上）

张婷：150

博风成员年表（按加入时间）

2007	伍敬、王方戟、吴增清、李鹏、何如、马昌魁、曲艳丽、聂鑫、周均乐、叶曼、李肇颖、乐康、郑露荞、范蓓蕾、赵培莉
2008	宋卓尔、陈笛、薛君、张琳
2009	殷慰、马海韵、刘海平、薛青松、肖潇、吴佳维、王岱琳、石磊
2010	王海琳、平辉、张科升、程冠华、颜文龙
2011	陆少波、赵峥、李晨、周伊幸、田中浩介
2012	蔡慧明、何英杰、吴丹、张亮、张云斌、龚音嘉
2013	董晓、刘一歌、王宇、张维、何啸东、邹洁、吴旻琰
2014	黄慧、罗林君、袁烨、陈又新、钱晨、杨也、刘大禹、闫树睿、唐敏、邵静怡
2015	肖闻达、张婷、陈长山、吴恩婷、刘雨浓
2016	游航、林婧、林哲涵、袁旭旸、赵思嘉、师塑蓉、柯麓、陈柏庭
2017	杨剑飞、王梓童、孙桢、李欣、张珏、郑邵华
2018	赵鹏宇、焦威、常潇文、邓希帆、袁榕蔚、傅弈佳、房玥、杨颖、王子潇、庄令晔、袁希程
2019	黄杨、易锦球、孟凡清、龚书捷
2020	黄何云子、强丹、余晓辉、丁雅周、任晓涵、黄晓童、赵力瑾
2021	丁由森、孙凡清、毛珂捷、马昊一、牛蕴绮、檀烨、候誉明
2022	张佳玮、许衡之、唐小雅、高瑞阳、刘玮琳、张曼佳、张岱
2023	谢冲、翁杨杨、范凡、郑瑞嘉、温皓

图书在版编目（ＣＩＰ）数据

关联的证明：博风建筑设计实践 / 王方戟, 肖潇,
董晓著. -- 上海：同济大学出版社, 2024.1
ISBN 978-7-5765-0984-7

Ⅰ.①关… Ⅱ.①王…②肖…③董… Ⅲ.①建筑设
计-研究 Ⅳ.①TU2

中国国家版本馆CIP数据核字(2023)第229114号

"同济大学学术专著（自然科学类）出版基金"资助项目
国家自然科学基金项目（52278035）

关联的证明：博风建筑设计实践
王方戟/肖潇/董晓　著
THE PROOF OF CORRELATIONS
ARCHITECTURAL PRACTICE OF TEMP ARCHITECTS
FANGJI WANG / XIAO XIAO / XIAO DONG

责任编辑　武蔚
责任校对　徐春莲
装帧设计　博风建筑
出版发行　同济大学出版社 http://www.tongjipress.com.cn
　　　　　（地址：上海市四平路1239号 邮编：200092
　　　　　电话：021-65985622）
经销　　　全国各地新华书店，建筑书店，网络书店
印刷　　　上海安枫印务有限公司
开本　　　787mm×1092mm 1/16
印张　　　15.5
字数　　　387 000
版次　　　2024年1月第1版
印次　　　2024年1月第1次印刷
书号　　　ISBN 978-7-5765-0984-7
定价　　　150.00元